어쩌면 세상을 구할
기생충

어쩌면 세상을 구할 기생충

지구를 지탱하는 비밀스러운 생명들

스콧 L. 가드너, 주디 다이아몬드, 가버 라츠 지음
브렌다 리 그림 | 김주희 옮김

코쿤북스

해더서, 좀보르, 틸, 허드슨, 그랜트, 클라크를 위하여

목차

인간의 골칫거리

아름다운 생명

탐험

일러스트 목록

지도

본문에 언급된 기생충에 관한 설명

추천사

인류는 지구 생태계를 구성하는 생물 수백만 종 가운데 하나로 진화했고, 지속적으로 생존하기 위해 생태계에 전적으로 의존한다. 그런데 지난 5세기 동안 전 세계 인구수는 대략 5억 명에서 80억 명으로 증가했다. 이 전례 없는 인구 증가 탓에, 인간 활동은 나머지 생물들과 생태계에 압도적인 파괴력을 행사했다. 인류는 이미 전 세계에 잠재하는 지속 가능한 생산성을 70% 넘게 활용하고 있다(참고: www.footprintnetwork.org). 이러한 상황에 직면했음에도, 앞으로 30년이 흘러 21세기 중반에 접어들면 인구수는 약 20억 명 더 늘어나 있으리라 예상된다.

지구 생물권은 믿기지 않을 만큼 복잡하며, 짐작건대 진화 계통 수천만 가지에 속하는 세균bacteria은 식물과 동물과 균류fungus 등 복잡한 다세포생물 1,000만여 종과 상호작용한다. 우리는 이들 가운데 5분의 1에도 이름을 붙이지 못했고, 심지어 이름 지어준 생물에 관해서도 거의 알지 못한다. 이러한 상황을 제대로 이해하는 사람 중 상당수는 지구가 현재처럼 많은 인구를 계속 지탱할 수 있으리라 믿지 않는다. 사실상 인류는 과거 여러 차례 발생했던 멸종에 비견할 만한 거대한 멸종의 물결을 이미 일으켰다. 현존하는 식물, 동물, 균류에서 약 5분의 1은 앞으로 수십 년에 걸쳐 멸종하고, 그보다 두 배 많은 생물이 과학적으로 기술되지 못한 채 멸종할 것이다.

비록 우리가 파괴하고 있는 세상에 관해 모든 것을 배울 수는 없겠지만, 우리는 아직 존재하는 각양각색의 생물을 배울 특별한 기회가 주어진 시대에 살고 있다. 스콧 가드너, 주디 다이아몬드, 가버 라츠는 이 탁월한 책에서 기생충이라는 독특한 생물을 연구하는 일이 얼마나 중요하고 흥미로운지 친절하게 설명한다. 과학자는 궁극적으로 생물 다양성을 배우며 큰 깨달음을 얻고, 생태계가 비교적 온전히 보존되어 있을 때 온 힘을 다해 탐구해야겠다고 다짐한다.

이 책의 페이지들이 명백히 증명하듯, 기생충은 독특하며 진정 매혹적이다. 숙주와 밀접한 관계를 형성하고, 내부 및 외부 요인에 맞춰 균형을 잡는다. 기생충과 숙주의 관계가 어떤 상황에서는 유지되다가도 다른 상황이 닥치면 변화할 수 있으며, 그 상황에 따라 기생충은 기생하는 특정 숙주의 몸을 안팎으로 드나든다. 우리는 기생충을 이해하는 범위 내에서, 기생충이 사는 숙주의 안정성과 역할을 깊이 이해할 것이다.

지금까지 발생한 생물종의 멸종은 대부분 농업, 방목, 도시 확장 등을 목적으로 인류가 자연의 토지를 독차지한 결과다. 인류는 전 세계 토지의 약 40%를 인간이 소비하는 식량을 생산하기 위해 개간했고, 이는 촌락과 도시와 대도시가 성장하며 인류 문명이 꾸준히 발전하도록 뒷받침했다. 그런데 지구 기후 변화는 향후 수년 내에 생물의 멸종을 초래하는 중대한 요인이 될 것이다. 이미 인류는 약 150년 전 산업화 시대에 접어들기 이전보다 지구 평균 온도를 약 1.1℃ 상승시켰다. 이보다 더 심각한 문제는, 기온 상승을 억제하기 위한 국가적 합의가 지금까지 이루어지지 않았고, 지구 평균 온도가 2020년대 말이면 1.5℃까지 상승해 환경 복원이 불가능한 시점에 들어서며, 다가오는 수십 년 내에 2.8℃까지 상승하리라 예상된다는 점이다. 지구 온난화가 초래하는 재난, 이를테면 허리케인과 화재, 해수면 상승 등이 사람들에게 널리 알려지긴 했지만, 온난화가 생태계 파괴와 멸종에 미치는 영향은 그보다 훨씬 심각하다. 오늘날 농경지의 상당 부분에서 현지 농작물이 더는 자라지 못하게 되고, 따라서 굶주리는 사람의 수가 증가하며 기후에 따른 인구 이동이 광범위하게 일어날 것이다.

가능한 최대의 정보를 바탕으로 결정을 내린다면, 인류는 지속 가능한 세상을 만드는 최고의 성과를 거둘 수 있을 것이다. 이 책에 인용된 이야기들이 알려 주듯이, 인류와 이 세상을 공유하는 생물을 탐구하는 일은 재미있는 동시에 더할 나위 없이 중요하다. 기생충은 특히 그들을 살아남게 만드는 놀라운 생명력에 관한 흥미로운 통찰을 제시한다. 저자들이 이 책에서 상세히 언급한 것처럼, 기생충은 인간에게 전염될 수 있으므로 비중 있게 연구되어야 한다. 기생충의 매력은 무한하다. 내가 이 책에 푹 빠졌던만큼 여러분도 재미를 만끽하고 교훈을 얻으리라 확신하며, 여러분께 이 책을 강력히 추천한다.

—피터 H. 레이븐
세인트루이스 미주리 식물원 명예 원장

들어가며

기생충은 긍정적인 단어로 묘사되는 경우가 거의 없다. 흡혈귀, 무임승차자, 약탈자, 아첨꾼, 식충이 등 최악의 집단으로 여겨진다. 2019년 봉준호 감독의 영화에서 주인공들은 처음에 아이를 가르치고, 가사를 도맡고, 운전해주며 부유한 가족을 돕는다. 결국 숙주인 부유한 가족이 주인공들의 도움에 의존하게 되고, 그후 이들의 관계가 독으로 작용하게 되는 이 영화는 제목이 '기생충'이다.

인간에게 영향을 미치는 지구상 모든 자연 생태계에서, 기생충은 어마어마하게 많은 개체 수와 성공적인 생활 방식을 자랑한다. 기생충이 숙주를 희생시키며 살긴 하지만, 숙주와 기생충은 협력관계를 맺고 그로 인해 근본적으로 변화했다. 생물 군집이 함께 사는 방법을 이해하려면 기생충을 알아야 하는데, 기생충이 생태적 협력의 역학 관계에서 구심점으로 작용하기 때문이다. 기생충은 눈에 잘 띄지 않지만 거의 모든 다른 종에 영향을 미치는 생물로, 생태계를 안정시키는 생물간 상호작용 연결망에 크게 기여한다.

서로 다른 종 간의 의존 관계는 생물들 사이에서 일반적이며, 상상할 수 있는 온갖 형태로 진화해왔다. 제각기 다른 두 종 간의 관계가 서로에게 이익이 되면, 생태학자는 이를 상리공생mutualism이라고 부른다. 상리공생 관계인 생물들은 높은 수준으로 서로에게 의존하고 협력하며, 이러한 사례로 나무뿌리와 균근균mycorrhizal fungi, 흰개미와 흰개미가 갉아먹은 나무를 소화시키는 미세 세균을 지닌 섬모충류, 지의류lichen를 구성하는 균류와 조류algae 등이 있다. 한 구성원은 이익을 얻지만, 다른 구성원은 이익을 얻지도 해를 입지도 않으면, 이는 편리공생commensalism 관계라고 불린다. 편리공생의 사례로는 포식자로부터 보호받기 위해 말미잘 독을 견디며 따끔따끔한 말미잘 촉수 사이에 숨어 사는 흰동가리, 굴 껍데기 속을 비집고 들어가 사는 작은 게, 육방해면류glass sponge에 사는 새우 등이 있다.

기생parasitism은 이론적으로 서로 다른 종 간에 형성된 장기적 의존 관계로, 한 종은 이득을 얻고 다른 종은 해를 입는다. 그런데 실제로는 숙주에게 치명적인 영향을 주는 경우부터 기생충과 숙주 모두에게 이득이 되는 경우까지 각양각색이다. 기생충이라는 단어는 본래 '먹이 옆'이라는 의미였으나, 나중에 숙주 옆에 머물며 공짜 먹이를 섭취한다는 의미로 바뀌었다. 기생충은 대개 필수 영양소를 숙주에 의존해 공급받지만, 기생충이 숙주에 미치는 해악의 심각성은 사뭇 다양하다. 유진 오덤Eugene Odum은 생태학을 다룬 탁월한 저서에서 기생을 포식predation과 같은 관점으로 보았지만, 기생충은 포식자보다 구조와 신진대사, 숙주 특이성과 생활사 측면에서 더욱 전문화되었다는 차이점이 있다. 오덤은 생물 군집에서 기생충이 형성하는 부정적 상호작용이 편리공생과 상리공생이라는 긍정적 상호작용과 균형을 이룬다고 생각했다.

이 책은 오늘날 기생충학자에게 주어진 흥미진진한 수수께끼를 독자에게 소개한다. 우선, 기생충이 전 세계 인류 공동체에 남긴 골칫거리와 충격적인 피해 실태를 검토한다. 그런 다음 기생충이 생명의 나무tree of life[1] 전반에 어떻게 흩어져 있는지 살피고, 지구에서 가장 풍부한 기생충의 세 종류인 선충류nematodes와 편형동물류flatworms와 구두충류thorny-headed worms를 깊이 있게 다룬다. 이 세 가지 기생충은 모두 내부기생물endoparasite로, 숙주 내부에서 살며 번성한다.

마지막으로, 기생충학자가 기생충 종의 기원과 다양성을 암시하는 단서를 찾기 위해 오지를 찾아가 어떤 연구를 수행하는지 살펴본다. 기생충은 지구를 지배하는 생물이지만 그들의 다양성

---

1 지구에 현존하거나 멸종한 모든 생물종의 진화 계통을 나타낸 도표 — 옮긴이주.

과 진화, 생태에 관해서는 거의 알려지지 않았으므로, 기생충을 연구하는 과학자는 미지의 영역을 향하는 탐험가다. 기생은 오늘날은 물론 과거에도 그랬듯이, 변화하는 환경에 맞서 생존하기 위한 수단이다. 북극 바다부터 열대 숲에 이르기까지, 기생충학자는 기생충이 어떻게 진화해 변화하는 환경에서 살아남으며, 주위의 생물 군집에 어떤 영향을 미치는지 탐구한다.

인간의

골칫거리

1장.
기생충의 이동

수천 세대에 걸쳐 이어진 긴 여정이었다. 인류는 오늘날 아시아에 해당하는 정착지에서 출발해 소규모 가족 단위로 걷거나 배를 타고 이동하다가 한 지역에서 수년간 머문 뒤 다시 이동했다. 이 용감한 탐험가들 가운데 몇몇은 베링육교Bering land bridge[1]를 거쳐 북아메리카로 건너갔다. 전 세계적으로 최대 빙하기glacial maximum[2]에 이르러 한랭 기후가 지속되자 얼음이 육지에 집중적으로 형성되었고, 그로 인해 해수면이 낮아져 베링육교가 드러나

---

1 베링해협은 태평양과 북극해를 연결하는 좁고 얕은 물길이며, 러시아와 미국 알래스카 주 사이에 있다. 베링육교란 빙하기(플라이스토세) 때 해수면이 낮아지면서 두 대륙이 땅으로 연결된 것을 말한다.
2 지구 역사에서 대륙을 덮은 얼음의 범위가 가장 넓었던 시기를 가리킨다.

며 새로운 이동 경로가 생겼다. 초기 인류는 끈질기게 살아남아 창 촉, 가죽 긁개, 돌망치 등 간단한 도구의 흔적을 남겼다. 뿐만 아니라 고향에서 함께 살았던 기생충도 데려왔다.

초기 인류는 그들이 진입하는 대륙에서 동물군에 막대한 변화가 일어나고 있음을 전혀 깨닫지 못했다. 일찍이 북아메리카에서 번성한 포유류는 개체 수가 차츰 줄어들고 있었다. 수천 년 만에 수많은 대형 포유류 종이 멸종했다. 외계에서 온 우주선이 지구상의 대형 포유류를 대부분 쓸어 간 것 같았다. 대륙이 빙하기에서 벗어나며 지질학적 현상, 즉 지형 변화가 더욱 활발하게 일어났다. 초식 포유류가 섭취하는 식물은 따뜻하고 건조해진 기후에서 더는 자랄 수 없었다. 대형땅늘보giant sloth, 글립토돈glyptodont이라 불리는 대형고대아르마딜로giant ancient armadillo, 대형비버giant beaver는 몸집이 작은 후손에게 밀려났다. 빠른 속도를 자랑하는 가지뿔영양pronghorn antelope은 14종 가운데 한 종만 살아남았다. 낙타, 말, 맥tapir,[3] 마스토돈mastodon,[4] 매머드[5]는 북아메리카 서식지에서 멸종했다. 이들 동물은 세계의 다른 지역에서 살아남았으며, 북아메리카 대륙에 살아남은 대형 초식동물은

---

3 홀수 발굽, 매끄러운 피부, 짧지만 코끼리를 닮은 코를 지닌 포유류다. 중앙아메리카, 남아메리카, 동남아시아에 다섯 종이 서식한다.
4 코끼리와 매머드의 멸종한 친척이다. 마스토돈의 독특한 어금니는 이들이 코끼리, 매머드와는 다른 먹이를 선호했음을 암시한다.
5 멸종한 대형 포유류로 오늘날의 코끼리와 친척 관계다. 매머드는 몸이 털로 덮여서 추운 기후에도 살아남았다.

아메리카들소American bison뿐이었다. 초식동물이 자취를 감추자 아메리카사자American lion, 검치호랑이saber-toothed cat, 다이어울프dire wolf[6] 등의 포식자도 사라졌고, 그 자리를 몸집이 작은 퓨마, 늑대, 고요테, 여우가 채웠나.

플라이스토세pleistocene[7] 동물군 화석은 남북 아메리카 곳곳에 흩어져 있다. 이들 화석은 최초 인류의 이야기, 즉 그들이 무엇을 먹었고 어떤 도구를 만들었으며 시체를 어떻게 묻었는지 등을 개괄적으로 보여준다. 아메리카 대륙 전역의 고고학 유적지에서는 초기 인류와 함께 이동한 기생충 무리를 암시하는 증거도 발견된다. 요충속Enterobius에 속하는 요충pinworm을 비롯한 몇몇 기생충은 열대 기후나 온대 기후에서도 문제없이 생존하는 강인한 여행자였다. 인간과 요충 사이에 무한 협력관계가 구축된 시기는 인간과 유인원의 공통 조상이 등장하기 전으로 거슬러 올라간다. 각 인간 세대는 기생충을 디옥시리보핵산[8]처럼 다음 세대로 전달했지만 전달 방식이 똑같지는 않았는데, 기생충 알은 숙주들 사이에서 이동할 때 숙주 세포가 아닌 환경을 통해 전파되었기 때문이다. 요충은 원숭이와 유인원을 포함해 다양한 영장류에서

---

6 현재 아메리카 대륙에 해당하는 지역에서 살다가 약 10,000년 전 멸종한 늑대 종이다.
7 지구 역사에서 260만 년 전부터 12,000년 전까지 지속된 시기로, 빙하기가 반복되었던 것이 특징이다.
8 deoxyribonucleic acid, DNA는 수많은 살아 있는 생물에서 유전 정보를 저장하고 전달하는 역할을 담당하는 분자다.

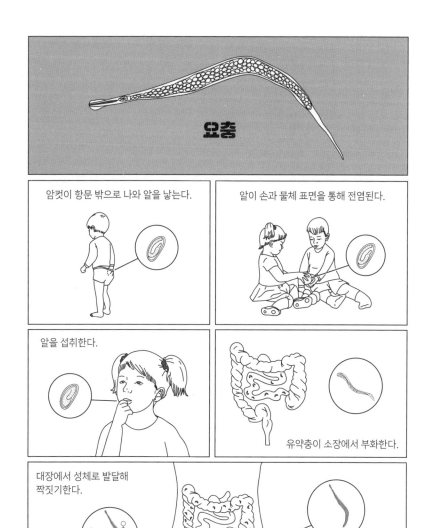

요충

암컷이 항문 밖으로 나와 알을 낳는다.

알이 손과 물체 표면을 통해 전염된다.

알을 섭취한다.

유약충이 소장에서 부화한다.

대장에서 성체로 발달해
짝짓기한다.

암컷이 항문 밖으로 나와
알을 낳는다.

그림1. 요충의 생활사

발견되며, 각 요충 종은 저마다 독특한 특성을 보인다. 인간을 감염시키는 요충과 가까운 친척 요충은 침팬지를 감염시키고, 다른 친척 요충은 고릴라와 오랑우탄을 감염시킨다. 이는 각 요충 종이 숙주의 유연관계에 맞춰 평행 진화했음을 시사한다.

요충Enterobius vermicularis은 북아메리카 같은 온대 지역 거주민의 장을 감염시키는 가장 흔한 기생충이다. 요충의 알은 공공시설을 이용하는 어린이와 성인들 사이에서 오염된 의복이나 음식, 물체 표면을 매개로 쉽게 전파되고, 손톱 밑과 침구에 쌓인다. 인간이 요충 알을 섭취하면, 알에서 부화한 유약충juvenile[9]은 탈피를 거쳐 성체가 되고 유일한 숙주인 인간의 몸에서 생활사를 마친다. 요충 감염이 심각한 질병을 초래하는 경우는 드물다. 요충은 비교적 특정 숙주에만 기생하므로, 시간 흐름에 따른 인간의 이동 경로를 나타내는 일종의 표지 역할을 한다. 인간이 한 지역에서 다른 지역으로 이동할 때 함께 이동하며, 인간 대변 화석인 분석coprolite에 흔적을 남겼다. 같은 요충 종 사이에 존재하는 사소한 유전학적 차이도 인간의 이동 경로를 암시하는 단서를 제공한다. 베링육교를 건너 북아메리카로 이주한 사람들과 동행한 요충은 다른 지역 이주자와 함께한 요충과 비교하면 유전학적으로 다르다. 이러한 차이는 두 요충을 다른 종으로 분류하는 근거로 삼기에는 미흡하지만, 일부는 아시아에서 출발해 베링육교를

---

9 성체 전 단계로 형태는 성체와 비슷하지만 생식 능력은 없음 — 옮긴이주.

건넜고 다른 사람들은 미크로네시아와 그 너머에서 출발해 배를 타고 오는 등 여러 경로를 거쳐 아메리카 대륙으로 이동했음을 시사한다.

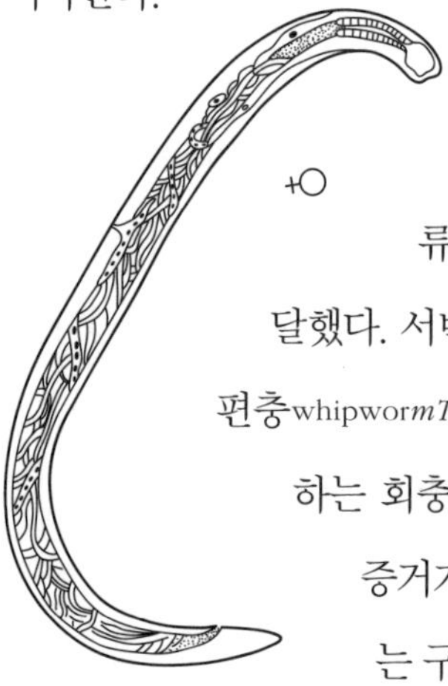

요충 외 다양한 기생충은 아프리카에서 기원한 초기 인류와 동행해 아메리카 열대 지역에 도달했다. 서반구에서 발견된 고고학 유적지에는 편충whipworm*Trichuris trichiura*과 대형 선충에 해당하는 회충*Ascaris lumbricoides* 등 여러 기생충의 증거가 남아 있다. 특히 인간을 감염시키는 구충hookworm인 두비니구충*Ancylostoma duodenale*은 알과 유충이 춥고 건조한 기후를 견디지 못하는 까닭에 서식지와 번식지를 매우 까다롭게 선택한다. 두비니구충은 베링육교가 아닌 다른 경로로 이동한 초기 인류와 동행하여 라틴아메리카에 도착했을 것으로 추정되는데, 자유 생활을 하는 유약충이 시베리아의 추위를 견디고 살아남을 가능성은 낮기 때문이다.

그림 G.2. 두비니구충

일부 기생충 종은 까다롭게도 인간만을 고유숙주definitive host[10]로 삼는다. 다른 기생충 종은 기회주의적으로 모든 대형 포유류에 기생한다. 인간을 감염시키는 기생충 400여 종 가운데

---

10 기생충이 기생하여 성체로 발달할 수 있는 숙주 — 옮긴이주.

70%는 인간을 우연숙주incidental host[11]로 삼는다. 흡충fluke[12]인 만손주혈흡충*Schistosoma mansoni*은 주로 침팬지, 개코원숭이, 쥐를 감염시키고 인간을 우연숙주로 삼는 기생충의 한 가지 사례다. 개와 고양이를 감염시키는 구충은 작은 유약충이 피부를 파고들어 인간에게도 전염되지만, 다행히도 인체 내에서 번식하지 않는다.

초기 인류는 고향에서 새 정착지로 이동하며 기생충을 옮기는 한편, 낯선 기생충에 감염되기도 했다. 사람들이 점점 더 넓은 정착지에 뿌리내릴수록, 인간을 고유숙주 또는 우연숙주로 삼는 기생충 모두가 새로운 전염 기회를 얻었다. 인류가 대규모 집단을 이루어 안정적으로 정착하자 바이러스와 세균이 일으키는 전염병은 전파력이 더욱 강력해졌고, 기생충은 오랜 기간 살아남아 이따금 치명적인 영향력을 발휘했다.

인류의 이동은 역사 전반에 걸쳐 진행되었다. 침략자들, 이를테면 16세기 스페인 정복자들은 자원을 얻기 위해 먼 땅으로 떠나 원주민[13]을 세균과 무기로 제압했다. 그러나 대부분의 사람들은 전쟁, 식량 공급망 붕괴, 전염병, 때로는 인종 차별과 편견을 피해 이주했다. 1600년대 이후 300년간은 인류 역사에서 특히 어두운 시기로, 700만 명이 넘는 아프리카인이 강제로 아메리카

---

11 우연히 기생충에 감염되는 종으로, 우연숙주에 머무는 기생충은 대개 번식하지 못한다.
12 흡충강에 속하는 기생성 편형동물을 일컫는 일반명이다.
13 고유의 문화, 전통, 역사를 공유하는 민족 공동체로, 조상에게서 물려받은 영토와 자신을 동일시한다.

대륙에 끌려가 노예로 살았다. 포르투갈, 영국, 프랑스, 스페인, 네덜란드, 덴마크 사람들은 아메리카 대륙을 비롯한 세계 곳곳에 노예 경제[14]를 구축했다. 처음에는 오늘날의 세네갈, 잠비아, 앙골라, 콩고에서, 다음으로는 토고, 베냉, 나이지리아, 모잠비크, 마다가스카르에서, 그다음으로는 아프리카 대륙 전역에서 아프리카인이 포획되었다. 노예들은 열악한 수송선에 태워져 서인도제도,[15] 멕시코, 콜롬비아, 브라질로 실려 간 뒤 숲과 들판, 광산과 가정에서 강제 노역했다.

기생충은 노예 상인들이 구축한 비인간적인 환경 덕분에 아프리카인 노예와 함께 이동할 수 있었다. 말라리아를 일으키는 기생 원생생물protist,[16] 이를테면 열대열원충*Plasmodium falciparum*은 다른 영장류를 감염시키는 아프리카 원생생물과 가까운 친척 관계라는 점에서 아프리카에서 기원했으리라 추정된다. 다양한 계통과 종에 해당하는 열원충[17]이 노예무역을 통해 아프리카 전역에서 아메리카 대륙

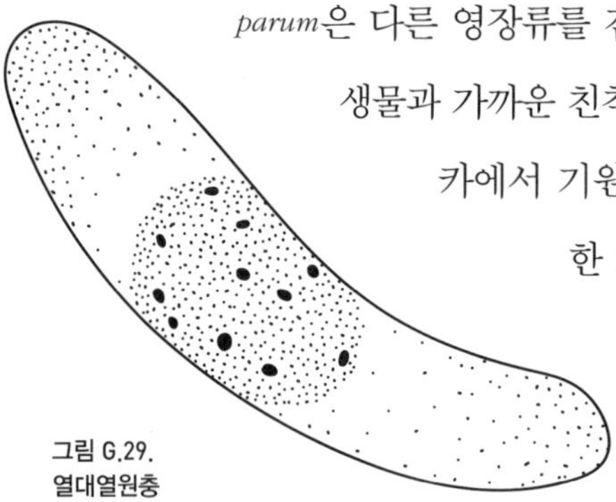

그림 G.29.
열대열원충

---

14 노예 제도와 노예 노동 착취를 바탕으로 구축된 상업 체계를 가리키는 용어다.
15 제도는 서로 가까운 위치에 자리한 섬들의 무리로 지질학적 기원을 공유한다.
16 단세포생물 또는 진핵생물 군체가 속하는 다채로운 생물 집단이다.
17 기생성 원생생물의 한 속으로 말라리아를 유발하는 여러 종을 포함한다.

으로 유입되었다. 그런데 아프리카인이 기생충의 유일한 원천은 아니었다. 남아메리카 부족 가운데 최소 3개 부족의 DNA를 분석한 결과 이들 부족은 오스트레일리아 및 멜라네시아 원주민과 공통 조상을 공유한다고 밝혀졌고, 따라서 오스트랄라시아Australasia[18]에서 아메리카 대륙으로 일찍이 이주했다고 추정된다. 유럽이 노예무역을 추진하기에 앞서 한 가지 이상의 말라리아 기생충이 남아메리카에 도착했다고 가정할 수 있다.

영국이 건설한 버지니아Virginia 식민지에는 포르투갈 노예선에 납치된 아프리카인 노예가 1619년에 처음 도착했다. 그 후 수년간 아프리카인 수십만 명이 매매되어 대농장에서 일했다. 미국 식민지로 팔려 온 아프리카인 노예는 유럽인보다 말라리아 내성이 강한 듯 보였으므로 말라리아 유행 지역에서 특히 인기가 많았다. 실제로 몇몇 노예는 적혈구 속 헤모글로빈 구조를 변화시켜 말라리아 기생충의 생존을 제한하는 유전자 돌연변이mutation[19]를 아프리카 고국에서 가져왔다. 이 돌연변이는 낫모양적혈구빈혈sickle cell disease이라 불리며 여러 세대에 걸쳐 생존자에게 유전되었다. 낫모양적혈구빈혈은 말라리아가 더는 발생하지 않는 지역에 사는 현대인에게도 여전히 발병하며, 혈액 세포의 산소 운반 능력을 낮추는 까닭에 특정 조건에서는 생명에 치명

---

18 오스트레일리아, 뉴질랜드를 포함한 남태평양 제도를 통틀어 일컫는 말 — 옮긴이주.
19 유전물질, 대개 DNA나 RNA가 변이를 일으켜 염기 서열이 바뀌면 발생한다.

적이다.

일부 기생충은 숙주와 함께 이동한 뒤 새로운 환경에서 사람들 사이를 쉽게 옮겨 다닌다. 다른 일부 기생충은 번성하려면 적합한 중간숙주intermediate host가 필요하다. 이때 중간숙주는 기생충이 기존 서식지에서 중간숙주로 삼았던 생물과 반드시 같은 종일 필요는 없는데, 가까운 친척 관계인 생물이 그 역할을 대신할 수 있기 때문이다. 편형동물에 속하는 기생성 흡충인 만손주혈흡충은 노예선의 화물칸에 갇힌 사람들과 함께 아메리카 대륙에 처음 도착했을 것이다. 브라질에 도착한 만손주혈흡충은 아프리카 달팽이와 가까운 친척 관계인 현지 달팽이 중에서 적당한 중간숙주를 발견했다. 그리고 아메리카 대륙 전역에서 사람과 달팽이가 함께 사는 곳이면 어디에서든 사람들을 지속적으로 감염시키며 번성했다. 노예선은 또한 아프리카 강변실명증African river blindness을 일으키는 선충인 회선사상충Onchocerca volvulus도 데려왔다. 회선사상충은 아프리카에서 숙주로 삼았던 생물과 가까운 친척 관계인 먹파리blackfly 덕분에 아메리카 대륙에도 정착할 수 있었다.

강제 이주는 전 세계 곳곳에서 계속되고 있으며, 열악한 환경의 노예선은 비위생적인 난민 수용소로 대체되었다. 2021년에는 8,000만 명 넘는 사람들이 강제로 집을 떠났다. 현재 난민 가운데 3분의 2는 시리아, 아프가니스탄, 남수단, 버마, 소말리아 등 5개국 출신이다. 서로 다른 지역에서 온 사람들이 오랜 기간 비

좁은 공간에서 부대끼며 살면, 이들 몸속의 기생충에는 새롭고 강한 선택압selection pressure[20]이 작용한다. 국제 사회는 난민 수용소의 형편없는 위생 상태를 방관하며 기생충과 미생물이 수용소 너머로 널리 확산하도록 부추긴다.

초기 인류는 아메리카 대륙에 처음 도착했을 때 기후가 수천 년간 점진적으로 변화하면서 생태계가 재구성되고 있음을 깨닫지 못했다. 플라이스토세의 경관을 지배했던 대형 포유류는 개체 수가 가파르게 감소하고 있었다. 세월이 흘러 초기 인류는 최초의 미국인이 되었고, 점점 불어나는 인구를 위협하지 않는 동물들, 이를테면 방대한 들소 무리와 함께 대초원에서 살아가는 데 적응했다. 식민주의Colonialism는 그러한 원주민을 먼저 정복한 다음, 원주민이 의존하는 동물을 대량 학살하며 생태계를 송두리째 변화시켰다. 식민지 개척자는 아메리카 대륙 전역에 자신의 문화를 강요하고 환경을 광범위하게 개발하며 생태계를 지배했다. 이러한 과정은 인류 역사를 통틀어 지구에 일어났던 것보다 훨씬 급격한 기후 변화를 촉발하는 요인이 되었다. 그리고 기생충은 그러한 변화가 지구상 모든 사람에게 미치는 영향을 암시하는 첫 번째 단서를 제공한다.

---

20 생물 개체군에 작용해 경쟁에 유리한 형질을 지닌 개체들이 선택적으로 증식하도록 촉진하는 생물 화학 물리적 요인 — 옮긴이주.

2장.
빈곤과 기생충

대다수 사람들은 건강한 상태에서도 신체 내부와 외부에 하나 이상의 기생충을 지닌다. 그중 특정 기생충은 10억 명이 넘는 사람들의 장에 침입하여 인간에게 가장 만연한 기생충 감염을 일으켰다는 점에서 기생충 올림픽 금메달리스트다. 이들은 회충속*Ascaris*에 속하는 독특한 기생충으로, 중간숙주가 필요 없고 불멸에 가까운 생물이어서 알을 방부제에 보관해도 수십 년간 생존할 수 있다.

회충속은 선충류에 포함되며 굵기는 연필만 하고 몸길이는 스파게티 면만 하다. 이러한 회충속 기생충을 전부 합치면 생물량이 방대한데, 암컷 회충속 성체는 사람 몸속에 알을 매일 20만 개씩 낳는다. 회충속의 알은 작고 가벼워서, 1년간 암컷이 낳은 알을 전부 합치면 무게가 대략 각설탕 두 개와 같다. 이것이 적게 느껴질 수도 있겠으나, 회충속 기생충에 감염된 사람들이 너무 많은 까닭에 전 세계 감염자에서 1년간 생성되는 알의 무게는 6,600만 킬로그램으로 추정된다. 이는 막대한 생물량이다. 이 생물량은 대왕고래blue whale 성체 350마리, 수컷 코끼리 성체 8,000마리, 석탄을 가득 실은 화물 열차 360대의 무게와 맞먹는 어마어마한 양이다.

생물은 성공을 판가름하는 기준이 제각기 다르다. 투구게horseshoe crab나 실러캔스coelacanth[1] 같은 일부 생물은 4억 년이 넘는 시간 동안 비교적 변화하지 않았으므로, 시간이 흐를수록 이들의 성공은 지속성 및 안정성과 동등해진다. 반면 다른 생물종 대부분은 다양한 환경 조건에 끊임없이 적응하고 있으며, 이들의 생존은 운에 따르기도 한다. 화석 기록에는 생물의 개별 종뿐만 아니라 계통 전체가 멸종한 흔적이 산재해 있다. 기생충은 생존을 위한 투쟁에서 특별한 문제와 직면했는데, 이들의 성공이 기생충 자신뿐만 아니라 숙주의 적응에도 달려 있었기 때문이다. 멸종의 길을 걷는 숙주를 선택하면 기생충도 멸종하게 된다. 숙주를 갈아타는 능력은 숙주 선택 실패에 대비하는 든든한 보험이다. 그런데 숙주 갈아타기[2]는 까다롭고 불확실성이 높은 문제인

---

1 고대 육기어류에 속하는 물고기로 아프리카와 오스트랄라시아 지역의 심해에서 발견된다.
2 기생생물이 한 숙주 종에서 새로운 숙주 종으로 옮겨 가는 과정이다.

데다, 항상 무작위적인 기회를 활용해야 한다. 기생충의 관점에서 보면, 숙주 갈아타기는 판돈이 크고 결과에 대한 정보가 거의 없는 맹목적 도박이다.

회충속은 운이 좋았다. 공룡시대로 거슬러 올라가면, 회충속의 조상은 오리주둥이공룡류duck-billed dinosaurs 및 둥지를 트는 습성으로 유명한 공룡 마이아사우라Maiasaura와 친척 관계인 육중한 초식동물 이구아노돈iguanodon을 숙주로 삼았다. 이구아노돈은 오늘날의 캐나다두루미sandhill crane처럼 짝짓기하고 나서 알을 낳기 위해 둥지로 이동했다. 부모 이구아노돈은 부패하는 식물 더미로 둥지를 덮어 알을 따뜻하게 했을 것이다. 과학자 조지 O. 포이너 주니어George O. Poinar Jr.와 그의 동료 아서 부콧Arthur Boucot은 벨기에에서 연구하던 중 이구아노돈이 남긴 분석에서 회충속의 알을 발견했다. 두 과학자의 발견은 이구아노돈과 회충속이 형성한 기생충-숙주 관계를 되짚어 올라가면 지금으로부터 적어도 1억 2,500만 년 전, 즉 이구아노돈이 살았던 백악기 초기에 다다른다는 점을 암시한다. 어느 중요한 시점에 일부 회충속은 사납고 예민한 이구아노돈과의 불만족스러운 만남을 피해, 주둥이가 뾰족하고 부드러운 털을 지녔으며 밤에 주로 곤충을 잡아먹는 다구치목multituberculate이라는 숙주로 갈아탔을 것으로 추정된다. 다구치목은 결국 멸종했지만, 이들의 친척으로부터 현대 포유류가 출현했다. 회충속에 속하는 하나의 종인 회충은 선충류 계통에서 탄생하여 1억 년 넘게 살아남은 끝에, 지구상 가장 성공한 포유류에 기생하는 가장 흔한 기생충이 되었다.

토양전염성연충geohelminth이란 대변으로 오염된 토양에 의존하여 숙주를 갈아타는 선충류를 의미한다.[3] 조충을 비롯한 다양한 기생충과 달리, 토양전염성연충은 중간숙주가 필요하지 않다. 암컷 토양전염성연충은 숙주의 대변에 매일 알을 수십만 개씩 낳고 다른 숙주가 그 대변과 접촉할 가능성에 기댄다. 회충은 대변을 매개로 사람과 사람 사이를 끊임없이 이동하며 생존한다. 이러한 안정적인 전염 방식 덕분에 회충은 가장 오래된 인간 장내 기생충 올림픽에서 메달을 획득했다.

회충에 감염된 사람은 감기 증상이 사라지지 않는 듯 보인다. 회충 알은 체내로 들어오면 유약충으로 부화해 장을 뚫고 나와 혈액을 타고 간, 간정맥, 심장, 폐, 기관trachea을 순환 이동하다가 다시 장으로 삼켜져 몸길이가 약 30센티미터인 성체로 발달해 짝짓기하고 알을 낳는다. 장에 회충이 많으면 복통, 메스꺼움, 열, 기침, 구토, 체중 감소를 겪고 때로는 사망에 이를 수 있다. 기생충과 숙주 사이에 긴밀히 형성된 적응 관계의 증거는 회충속이 대개 숙주를 죽이지 않으며, 알을 퍼뜨리기 위한 활동적 매개체로 계속 이용한다는 점이다. 몇몇 추정치에 따르면 전 세계 어린이의 50% 이상이 회충속을 비롯한 선충류에 감염되어 있다. 이

---

3 연충helminth은 다세포 기생충을 의미하며 선충류, 조충류tapeworms, 흡충류를 포함한다 — 옮긴이주.

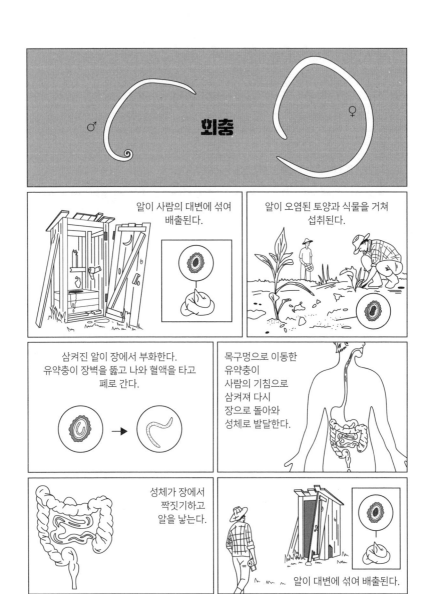

그림2. 회충의 생활사

러한 어린이들은 선충류의 수정란으로 오염된 흙에서 놀거나, 인간의 대변을 비료로 뿌리는 밭에서 재배된 채소를 먹거나, 깨끗한 물이 부족한 상황에서 인간의 대변과 접촉하는 등 수많은 경로를 통해 선충류에 감염된다.

회충속은 사람에게 문제를 일으키는 선충의 한 부류에 불과하다. 선충문phylum Nemata은 다른 어느 주요 동물군보다도 풍부한 종과 개체를 아우른다. 열대, 온대, 사막, 극지방 등 다양한 환경에 서식하는 온갖 생물에 50만 종이 넘는 선충류가 산다. 선충류는 깊은 해구와 금광 바닥에서도 발견되며, 해저에서 가장 흔한 동물이다. 지구 토양 상층부에 서식하는 선충은 개체 수가 경이로울 만큼 많은데, 대략 4.4×10^{20}마리에 달한다. 이는 헤아리기조차 어려운 숫자다. 1977년 찰스 임스와 레이 임스Charles and Ray Eames 부부는 단편 영화 「10의 거듭제곱과 우주의 상대적 크기」를 제작해 로그logarithm로 표현된 크나큰 숫자가 어떤 의미를 지니는지 설명했다. 이들 부부의 추정에 따르면, 기본 단위를 1미터로 가정했을 때 10^{20}미터는 은하계를 가로지르는 거리에 육박한다. 다시 말해, 선충류는 지구 한쪽 끝부터 반대쪽 끝까지 늘어놓을 수 있을 정도로 많고, 1미터당 1마리씩 배열하면 은하계도 가로지를 수 있다. 우리가 사는 세계를 지지하는 토대가 전부 선충류로 이루어졌다는 상상도 가능하다.

토양전염성연충은 인간과 다른 동물을 집요하게 감염시킨다. 회충속, 구충, 편충 등 토양전염성연충의 세 부류는 전 세계

기생충중 대부분을 유발하는 강력한 삼총사다. 이들은 모두 오염된 토양을 매개로 사람들 사이에 전염되는 선충류에 해당하며, 신발을 신고 깨끗한 물을 사용하고 공중위생을 개선하면 통제될 수 있다.

기생충 올림픽에 걸린 또 다른 메달은 토양전염성연충이자 선충류에 속하는 아메리카구충*Necator americanus*에게 돌아간다. 아메리카구충의 유약충은 인간의 대변으로 오염된 흙에서 부화한 뒤 세균을 섭취하며 탈피한다. 이러한 과정을 거쳐 이동할 수 있는 형태가 되면, 맨발로 돌아다니는 사람의 발 피부를 뚫고 들어가 감염시킨다. 아메리카구충은 회충속과 마찬가지로 혈액을 타고 폐로 갔다가 인간이 기침할 때 다시 삼켜져 장으로 이동해 여러 번 탈피한 뒤 성체가 되어 짝짓기하고 알을 낳는다. 아메리카구충에 감염된 사람은 복통, 체중 감소, 극심한 피로, 빈혈을 겪는다.

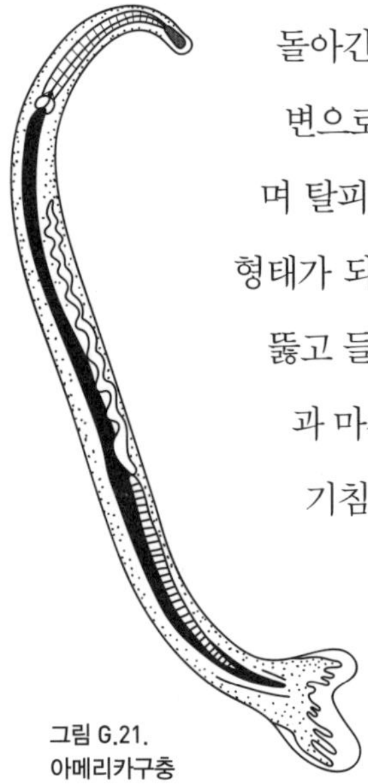

그림 G.21.
아메리카구충

미국이 농업 국가였던 19세기 초에 미국인 대부분은 농장, 제분소, 광산에 조성된 마을에서 살았다. 구충은 농촌과 광산촌에 만연했는데, 특히 미국 남부의 농가나 학교에는 옥외 화장실이 거의 없었다. 고대 로마에서는 이미 2,500년 전에 인간 분뇨를 수거하는 체계가 활용되었지만, 미국 시골 지역은 위생 시설이 상류층의 전유물로 남아 있었다.

1902년 미국 농무부 소속 동물학자 찰스 워델 스타일스 Charles Wardell Stiles는 워싱턴 D.C에서 열린 위생회의Sanitary Conference에서 구충에 관한 보고서를 발표했다. 위생회의 결과는 '게으름이 초래한 세균 발견'이라는 머리기사로 신문에 실렸고, 특히 자산가 존 D. 록펠러John D. Rockefeller의 관심을 끌었다. 7년 후 록펠러는 100만 달러를 지원해 '구충증 퇴치를 위한 록펠러 보건위원회Rockefeller Sanitary Commission'를 설립했고, 록펠러 보건위원회는 미국 남부의 구충증 발병 현황을 지도화하고 인구의 40%에 달하는 구충증 환자를 치료하며 질병 퇴치에 도전했다. 그 결과 미국에 최초로 대규모 공중 보건 사업이 수립되었는데, 구충을 질병 원인으로 여기지 않는 의료 전문가들이 격렬하게 저항했음에도 사업이 시행되었다. 공중 보건 사업을 바탕으로 체계적인 진료소가 세워져 구충 검사와 약물 치료, 대중 교육이 진행되고, 야외 화장실이 미국 남부 전역에 확충되었다. 현재 미국은 공중 위생이 개선된 덕분에 구충증 발병률이 낮지만, 식수와 위생 시설에 접근하기 어려운 개발도상국에 사는 수많은 사람들에게는 구충이 여전히 주요 질병의 원인이다.

기생충 올림픽에서 사악한 기생충 부문 우승자는 인간을 감염시키는 선충류 가운데 세 번째로 흔한 편충이다. 암컷 편충은 수컷보다 몸길이가 조금 더 길고, 알을 매일 수만 개씩 낳는다. 알은 대변에 섞여 흙으로 배출된 뒤 숙주에게 섭취되어 장에서 부

화한다. 편충의 독특한 특징은 숙
주의 대장 내층을 먹이로 섭취할
수 있는 특수 기관을 지닌 덕분에,
숙주의 대장 안에서 성체로 발달하고
짝짓기한다는 점이다. 전 세계 열대 지역에 주로
거주하는 인구 약 7억 명이 편충에 감염되었으며,
이들 대다수가 어린이다. 어린이는 편충에
심하게 감염되면 장 질환, 성장 지연, 인
지 발달 저해를 겪는 등 심각한 결과를
얻는다.

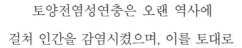

그림 G.40. 편충

토양전염성연충은 오랜 역사에
걸쳐 인간을 감염시켰으며, 이를 토대로
일부 과학자는 토양전염성연충과 인간이 공진화 관계를 형성했
다고 주장했다. 인간이 자신에게 유리하게 면역 체계를 바꾸며
변화하는 환경에 적응할수록, 기생충은 인간 숙주의 면역 반응
을 약화하는 방법을 개발하며 함께 적응했다. 신석기 시대에 살
았던 46세 인간 남성의 잘 보존된 시신이 1991년 오스트리아와
이탈리아 국경의 알프스 빙하에서 발견되었다. 이 남성은 뉴스
보도에서 '아이스맨Ice Man'으로 불렸으나, 얼마 지나지 않아 약
5,300년 전 그가 살았던 계곡에서 유래한 '외치Ötzi'라는 이름을
얻었다. 외치는 등에 박힌 돌 화살촉이 쇄골 아래 동맥을 관통해
사망했다. 그런데 외치의 건강은 그리 좋지 않았다. 관절염을 앓

았고 편충에 감염된 징후가 뚜렷했다.

　토양전염성연충과 인간이 오랜 세월 맺어온 관계를 뒷받침하는 다른 고고학적 증거도 있다. 편충과 회충속의 알은 약 4,000년 전에 조성된 한국의 고고학 유적지 토양에서 발견되었다. 구충의 알과 발육 중인 유약충은 콜로라도고원에서 발견된 2,300년 전 대변 시료에서 나왔다. 인체에 기생하는 선충류를 언급한 가장 오래된 기록물은 약 4,700년 전 중국에서 집필된 서적인 『황제내경黃帝內經』이다. 토양전염성연충의 알은 또한 4,000년 된 이집트 미라와 그보다 더 오래된 브라질 분석에서도 확인되었다.

　인간을 감염시키는 연충은 대부분 인수공통zoonotic으로, 야생동물에서 발생한 뒤 기회를 틈타 인간을 감염시킨다. 회충속, 구충, 편충 등 인간 사이에 가장 만연한 토양전염성연충의 가까운 친척은 개와 돼지, 그리고 개코원숭이baboon와 마카크원숭이macaque처럼 사람을 제외한 영장류 등 다른 동물을 감염시킨다. 편충 알은 남아메리카에 서식하는 중형 설치류로 기니피그guinea pig와 친척 관계인 바위천축쥐rock cavy의 9,000~30,000년 된 화석에서 발견되었으나, 이러한 특정 선충류는 설치류만 감염시키며 이들이 설치류에서 영장류로 숙주를 갈아탔다는 증거는 없다. 최근의 진화 연구는 편충속Trichuris에 속하고 인간과 다른 영장류에 기생하는 종들이 수백만 년 전 공통 조상을 공유했음을 밝혔다. 삼림 벌채로 토종 서식지가 사라지면서 야생동물은 사람과 직접적으로 빈번히 접촉하게 되었고, 그럴 때마다 미생물과 기생충에게는 인간에게 전파될 기회가 주어진다. 다양한 기생충 종 사이의 진화 관계를 완전히 이해하고 그 가계도를 작성하는 일은 특히 토양전염성연충처럼 어디에나 존재하는 기생충이 현재와 미래에 초래할 위험을 관리하는 데 필수적이다.

분자생물학 연구에 따르면 토양전염성연충은 숙주의 면역체계를 조절하고 억제하는 능력을 발휘해 숙주의 염증을 가라앉히며, 그 덕분에 숙주가 몸 밖으로 토양전염성연충을 내보낼 가능성을 낮출 수 있다. 선충류 연구는 유전학을 이끌었다. 회충은 염색체 연구에 활용된 최초의 동물이고, 독립 생활하는 선충인 예쁜꼬마선충*Caenorhabditis elegan*은 유전체 서열 해독에 쓰인 최초의 동물이다. 다른 선충류를 대상으로 진행한 유전체 후속 연구에서는 선충류 유전자의 다양성이 대단히 높으며, 기생 생활하는 선충 또한 독립 생활하는 선충만큼 유전자가 다양하다 점이 밝혀졌다. 가장 놀라운 사실은 기생성 연충에 해당하는 종들이 제각기 선택한 숙주, 서식 환경 등 고유 생활 방식에 맞추어 무척 다양하고 독특하게 적응하고 독립적으로 진화했다는 것이다.

3장.
아프리카의 위험한 천국

콩고강은 세계에서 가장 다양하고 독특한 지역에 양분을 공급하는 웅장한 동맥이다. 콩고강의 길이는 아프리카에서 나일강 다음으로 길고, 콩고강 유역에 형성된 분지의 면적은 인도보다 넓다. 콩고강은 세계에서 수심이 가장 깊은 강으로, 지각판tectonic plate[1]이 대륙을 갈라놓으면서 지표면에 생성된 균열인 동아프리카지구대East African Rift를 따라 고지대로부터 막대한 양의 물을 운반한다. 콩고 분지는 아프리카 대륙의 약 7분의 1을 차지하며 반투Bantu족,[2] 바아카Ba'Aka족[3]과 같은 수렵 채집인, 아프리카 전역

---

1 지구 지각과 맨틀의 조각으로, 서로 독립적으로 움직이며 대륙과 해저를 형성한다.
2 사하라 이남 아프리카에 사는 원주민으로 반투어군에 속하는 다양한 언어를 사용한다. 400개 넘는 언어가 반투어군에 해당한다.

과 그 너머에서 건너온 이민자를 비롯해 150여 개의 다양한 민족 집단 등 각계각층의 사람들 7,500만여 명에게 식량과 신선한 물을 공급한다. 콩고 분지가 지구 생물 다양성[4]에서 차지하는 중요성은 아무리 강조해도 지나치지 않다. 이 분지는 주요 교통로가 통과하며, 세계에서 수력발전 잠재력이 높은 지대로 손꼽힌다.

콩고강과 지류에 사는 수많은 사람들의 삶은 이 강에 사는 물고기가 지탱한다. 생물학자들은 콩고강에 서식하는 풍부한 생물종을 여전히 분류하고 있으며, 현재 약 800종의 물고기가 알려져 있다. 콩고강에는 코 형태가 코끼리와 흡사하고, 어두컴컴한 물속에서 전기장을 형성해 먹이를 찾는 능력을 지닌 코끼리고기elephantfish[5]가 많이 산다. 이 강에는 또한 시클리드cichlid[6] 80여 종이 서식한다. 시클리드는 놀랄 만큼 영리하고 사회성이 좋으며 새끼를 애지중지 돌보는 물고기로, 수컷이 둥지를 짓고 새끼를 보호한다. 콩고강에는 전압 300볼트로 먹이에 충격을 가하는 전기메기electric catfish가 살고, 지류에는 진흙 속으로 굴을 파고 들

---

3 가봉, 카메룬, 중앙아프리카공화국, 콩고 등이 자리하는 중앙아프리카의 열대우림에 사는 민족이다.

4 지리적 영역에 서식하는 살아 있는 생물의 종 다양성과 유전자 다양성, 그리고 생태적 관계의 다양성을 의미한다.

5 모르미리드과에 속하는 민물고기를 일컫는다. 이들은 아프리카에서 발견되며 코끼리 코처럼 길게 늘어난 주둥이로 진흙투성이 강바닥에서 먹이를 찾는다.

6 시클리드과는 아시아, 아프리카, 남아메리카, 중앙아메리카의 열대 지역에서 흔히 발견되는 다양한 물고기들이 속한 과이다.

어가 건기에도 살아남는 거대한 폐어lungfish가 산다. 그리고 세상에서 가장 위험한 콩고강 급류 아래에는 눈이 퇴화하고 피부에 색소가 없는 조그마한 심해어가 산다.

콩고강에서 다양성 넘치는 생물들과 어우러져 사는 삶은 언뜻 보기에 천국처럼 느껴진다. 풍부한 식량과 깨끗한 물은 고도로 발달한 국가에서도 특권층에게만 주어지는 사치다. 평행우주에서는 콩고 분지에 사는 사람들이 공정하고 지속 가능한 관행을 알리는 세계적 모델 역할을 할 수도 있겠으나, 식민주의는 그러한 기회를 허용하지 않았다. 19세기 후반, 벨기에의 레오폴드 왕King Leopold[7]은 콩고 분지 대부분에 영유권이 있다고 주장했다. 왕은 지역 주민을 노예로 삼고, 자신의 이익을 위해 탐욕스럽게 자원을 약탈하고, 오래된 문화 공동체를 황폐화시켜 사회·환경적 혼란을 초래했으며, 이때 콩고 분지에 발생한 상처는 오늘날까지 남아 있다.

1920년대 후반 벨기에 출신 의사 장 이세트Jean Hissette는 오늘날 콩고민주공화국Democratic Republic of the Congo에 해당하는 지역의 주민을 위해 안과 진료소를 세웠다. 이세트는 콩고강을 따라 형성된 몇몇 공동체에 거주하는 40세 이상 남성 가운데 절반 이상이 시력 손상을 겪거나 알려지지 않은 질병으로 실명했음

---

7 1865년부터 1909년까지 벨기에를 통치했다. 그는 아프리카 콩고 분지에 속하는 광활한 땅을 강제 점령한 뒤 가혹한 환경에서 자원을 수탈했다.

을 발견했다. 현지 거주민들은 강가 거주와 이런 재앙적 질병 간의 연관성을 의심했고, 질병에 걸리지 않기 위해 비옥한 강 유역을 떠나 생산성이 낮은 고지대로 이주했다. 주민들은 실명 외에도 피부가 비늘 모양 각질로 뒤덮이고 커다란 결절이 생기며 가려움 증상으로 고통받았고, 이 질병은 크루크루kru kru 또는 크로크로craw craw로 알려졌다. 이세트는 논문을 통해 작은 기생충인 미세사상충microfilaria[8]에 감염되면 크루크루에 걸린다는 사실을 최초로 밝혔다. 이 질병은 마침내 아프리카 강변실명증 또는 회선사상충증onchocerciasis으로 알려졌고, 사람들의 림프계에 침투한 미세사상충 수십만 마리가 그 원인이었다. 이러한 미세사상충은 강변 거주민의 피하 조직에 사는 선충류인 회선사상충의 암컷이 낳는다. 이 작은 기생충은 사람에게 실명을 일으키는 주요 원인 중 하나다.

회선사상충은 인간 기생충으로 진화했다. 자연 상태에서 회선사상충의 고유숙주는 인간뿐이고, 피부를 악랄하게 물어뜯는 먹파리buffalo gnat 또는 blackfly(먹파리속Simulium에 속함)가 회선사상충을 전파한다. 먹파리는 콩고 분지 전역에서 빠르게 흐르는 하천 주위에 산다. 먹파리 중 암컷만 사람을 물고, 수컷은 식물의 즙을 빨아 먹고 산다. 먹파리는 회선사상충에 감염된 사람을 물 때 혈액 및 림프액과 함께 미세한 기생충도 빨아 먹는다. 먹파리

---

8 특정 기생성 필라리오이드 선충류의 미세한 유충이다.

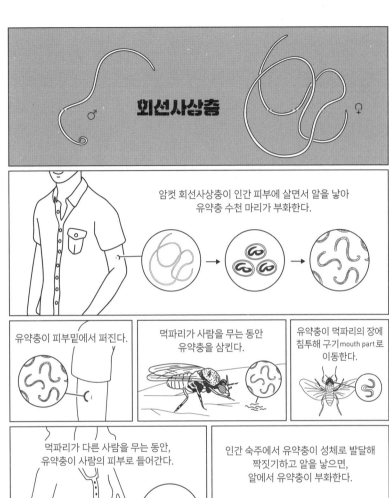

회선사상충

암컷 회선사상충이 인간 피부에 살면서 알을 낳아 유약충 수천 마리가 부화한다.

유약충이 피부밑에서 퍼진다.

먹파리가 사람을 무는 동안 유약충을 삼킨다.

유약충이 먹파리의 장에 침투해 구기mouth part로 이동한다.

먹파리가 다른 사람을 무는 동안, 유약충이 사람의 피부로 들어간다.

인간 숙주에서 유약충이 성체로 발달해 짝짓기하고 알을 낳으면, 알에서 유약충이 부화한다.
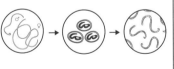

그림3. 회선사상충의 생활사

몸에 침입한 회선사상충은 먹파리의 비행 근육에서 발달하며 탈피를 되풀이하고 다양한 유약충 단계를 거친 끝에 감염형이 되어 먹파리의 침샘으로 이동한다. 암컷 먹파리가 다른 사람을 물면, 회선사상충의 유약충이 인간 숙주에 주입되어 피부 바로 밑 조직에서 살기 시작한다. 이곳에서 성체로 발달해 짝짓기하고 알을 낳으면, 알에서 부화한 미세사상충이 인간 숙주의 림프계를 통해 퍼진다.

실처럼 가느다란 미세사상충은 혈구보다 두께가 얇지만, 피부 조각을 잘라내 현미경으로 관찰하면 쉽게 눈에 띈다. 미세사상충이 인체에 장기간 존재하면 끔찍한 면역 반응이 일어나며, 이러한 반응 대부분은 피부에 머무르는 선충이 초래한 결과다. 염증은 피부가 비정상적으로 두꺼워지고 갈라지며 극심한 가려움을 느끼고, 피부 색소가 소실되는 증상으로 이어진다. 피하 조직에서는 미세사상충 주위에 결절이 형성되어 피부 변형이 일어난다. 미세사상충이 눈으로 이동한 뒤 죽으면, 염증으로 각막에 상처가 생겨 시력이 상실된다. 강변실명증은 전 세계에서 50만 명에게 시력 손상을, 25만 명에게 영구 실명을 일으킨다.

역사를 통틀어 기생충은 인간이 피할 수 없는 적이었고, 인간은 기생충이 일으키는 질병을 통제하기 위해 수없이 노력했다. 몇몇 질병 통제 사업에서는 기생충을 매개하는 중간숙주에 주목하며, 그 활동성을 낮춰 기생충을 제거하려 했다. 이러한 통제 사업이 살충제에 의존하는 까닭에 일부 중간숙주 종이 살충제 내성을 지니게 되었고, 따라서 새롭고 더욱 강력한 살충제가 계속 요구되었다. 진화에서 통제 수단은 방대한 개체군에 속한 모든 개체가 아닌 일부 개체에만 효과적이다. 통제 수단에 맞서 살아남은 소수가 번식해 다시 개체 수가 늘면, 이들은 다음 세대에 내성을 퍼뜨린다. 중간숙주인 곤충을 효과적으로 제거하는 화학물질을 개발하려는 인간의 노력과 그런 화학물질에 대항해 내성을 민첩하게 획득하는 중간숙주의 능력 사이에 끊임없는 줄다리기가 이어진다.

아프리카 강변실명증을 통제하려는 노력은 마침내 질병에 접근하는 참신한 방식을 탄생시켰다. 중간숙주인 먹파리를 죽이는 대신 특이한 방법으로 기생충을 노리는 것이다. 이 접근법은 무척 독창적이었으며, 연구진은 새로운 약물 계열인 아버멕틴avermectin[9]과 아버멕틴 유도체인 이버멕틴ivermectin을 발견한 공로로 2015년 노벨상을 받았다. 노벨상 수상자는 윌리엄 C. 캠벨William C. Campbell과 오무라 사토시(大村 智)였다. 오무라는 일본 출신 미생물화학자로 의약품을 만드는 천연 원료를 토양 미생물이 생성한 물질에서 찾았다. 토양은 1그램당 10억 마리가 넘는 미생물을 포함하는 까닭에, 오무라의 연구 범위는 이해를 넘어설 만큼 방대했다. 오무라가 토양 시료를 측정한 결과, 시료 가운데

---

9 아버멕틴은 화학적으로 유사한 항기생충성 약물 계열을 의미하며, 아버멕틴 중에서 이버멕틴이 가장 먼저 의약품으로 개발되었다. 아버멕틴 약물 계열은 선충류와 이, 응애, 빈대 등 기생성 절지류에 효과적이다.

약 3분의 1에서 항균 물질이 생성되었다. 도쿄의 어느 골프장 근처에서 수집한 토양 시료는 과거에 기술된 적 없는 세균 종인 스트렙토미케스 아베르미틸리스*Streptomyces avermitilis*를 포함하고 있었고, 이 세균은 아버멕틴라고 불리는 일련의 화합물을 생성했다. 이후 캠벨은 아버멕틴 화합물 중에서 효능을 보이는 한 물질을 정제해 이버멕틴을 생산했다. 이버멕틴은 이, 벼룩, 진드기, 응애 등 기생성 절지동물과 선충류의 유약충을 죽이는 진정 놀라운 의약품이다.

이버멕틴은 불행하게도 발육 중인 회선사상충만 죽일 수 있으며, 성충은 감염된 사람들 체내에서 계속 살아가며 번식한다. 강변실명증을 치료할 때는 10년에서 15년간 반복해서 약을 먹어야 한다. 최근 과학자들은 회선사상충뿐만 아니라 회선사상충 체내에 사는 볼바키아속*Wolbachia*세균을 표적으로 삼는 새로운 전략을 개발했다. 볼바키아속은 모든 곤충 종을 통틀어 절반 이상에서 발견되는 흔한 기생성 미생물로, 응애와 거미를 비롯한 절지동물과 몇몇 선충류에서 발견

되었으나 척추동물에는 해를 주지 않는다고 알려져 있다. 여러 겹으로 포개진 러시아 인형 마트료시카 matryoshka처럼,

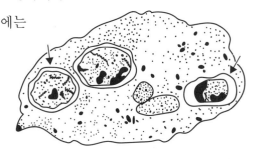

그림 G.44. 볼바키아속

숙주에 기생하는 기생충의 체내에 볼바키아속이 산다. 마트료시카 내부의 가장 작은 인형을 노리는 전략은 세계에서 치명적인 질병으로 손꼽히는 강변실명증을 통제하는 유용한 방법이다. 이버멕틴과 항생제를 함께 투여하면 회선사상충에 감염된 사람을 치료할 수 있다. 이버멕틴은 회선사상충의 유약충을 죽이고, 항생제는 회선사상충 내부의 볼바키아속 세균을 억제해 회선사상충의 성체를 죽인다.

공생 관계에는 양쪽 모두에게 이익이 되는 상리공생,[10] 한쪽은 이득을 보지만 다른 한쪽은 이득을 얻지 못하는 편리공생,[11] 한쪽은 이득을 보지만 다른 한쪽은 손해를 보는 기생이 존재하며, 생태학자는 제각기 다른 유형의 공생 관계를 대조하며 서로 겹치지 않는다고 여기곤 했다. 그런데 생물 간의 진화적 관계가 구체적으로 밝혀진 결과, 생태학자가 구분한 다양한 공생 관계로는 자연에서 관찰되는 현상을 제대로 설명할 수 없었다. 공생은 환경 조건에 따라 유익하거나, 유해하거나, 유익하지도 유해하지도 않는 등 다양한 효과를 불러온다. 볼바키아속 세균은 그러한 현상을 입증하는 사례다. 볼바키아속은 세계에서 가장 보편적인 미생물로 다른 생물 내부에서만 살 수 있으며 상대방에

---

10 둘 이상의 생물종 사이에 형성된 진화적 관계로, 모든 생물종이 이 관계에서 이익을 얻는다.
11 두 생물종 사이에 형성되는 진화적 관계로, 한 개체는 이익을 얻고 다른 한 개체는 명백한 이익을 얻지도 부정적 영향을 얻지도 않는다.

게 이익을 제공하는 유기체, 즉 절대적 내부 상리공생obligate mutualistic endosymbiont 생물로 설명된다. 선충 세포 내부에 사는 볼바키아속이 죽으면 그 선충의 배아가 발달할 수 없게 되므로, 선충은 생식 능력을 잃는다. 이는 기생충이 스스로 합성할 수 없는 생화학적 자원을 볼바키아속이 제공한다는 점을 암시하며, 따라서 상리공생의 명백한 사례가 된다. 초파리 등 다른 숙주에서는 볼바키아속이 RNA 바이러스에 대항하며 숙주를 보호한다.

볼바키아속 세균은 흥미롭게도 다른 맥락에서는 다소 기생충처럼 행동한다. 일부 곤충의 몸속에서 생식에 교란을 일으키는 것이다. 예컨대 일부 볼바키아속 세균은 곤충 중에서 수컷만 죽이고, 다른 볼바키아속 세균은 곤충의 수컷을 암컷으로 전환시키며, 또 다른 볼바키아속 세균은 암컷 곤충이 낳은 미수정란이 단성생식parthenogenesis하도록 유도한다. 실험에 따르면, 볼바키아속에 감염된 암컷 모기는 볼바키아속에 감염된 수컷과만 짝짓기에 성공한다. 볼바키아속에 속하는 몇몇 개체군은 세월이 흐르며 곤충 숙주에 해를 덜 끼치도록 변화했다고 알려져 있으나, 다른 개체군은 곤충 숙주에 유해하거나 유용한 특성을 모두 유지하는 것처럼 보인다. 볼바키아속은 포유류 숙주에게 해로운 면역 반응을 광범위하게 초래하고, 이러한 영향 또한 세월이 흐르면서 변화할 수 있다. 실제로 아프리카 강변실명증의 고통스러운 증상은 미세사상충이 일으키는 면역 반응이 아니라, 미세사상충이 죽을 때 방출되는 볼바키아속이 일으키는 면역 반응이 원인이다.

완벽한 치료제를 찾아야만 기생충과 공존할 수 있는 것은 아니다. 콩고 분지 전역에 자리한 외딴 마을에서는 적절한 치료를 받기가 무척 어렵다. 따라서 기생충 통제 사업에 성공하려면, 이미 기생충에 감염된 사람들을 지원하는 동시에 지역 공동체를 기생충 예방과 치료에 참여시켜야 한다. 1990년대 초 나이지리아 응수카대학교 공중보건학과 소속 젊은 강사 우체 베로니카 아마지고Uche Veronica Amazigo는 피부 가려움증과 피부 색소 소실증으로 심신이 쇠약해진 임신부를 만났다. 이 만남을 계기로 아마지고는 강변실명증을 연구하는 데 평생을 바쳤다. 강변실명증이 유발하는 다양한 장애를 발견하는 데 앞장서며, 이 질병을 퇴치하기 위해 지역사회의 지지를 얻는 방법을 찾았다. 여성 지원 단체에 가입하고, 질병이 시골 지역사회에 미치는 영향력을 직접 체험하며 배웠다. 또한 강변실명증 환자가 끊임없이 시달리는 가려움증, 외모 변형 때문에 겪는 사회적 비난과 고립, 고통과 장애에 주목하며 전 세계가 강변실명증과 이 질병의 사회적 영향을 인식하도록 했다. 아마지고는 지역사회 주도형 치료 사업, 즉 질병을 예방하고 치료하는 의약품을 배포하는 활동에 지역사회가 적극적으로 참여하도록 이끄는 조직을 육성하고 학술 연구를 장려하는 방안을 국제기구에 인식시켰다.

세계보건기구는 주로 아프리카 열대 지역에서, 그리고 중남미 일부 지역과 예멘에서 2,000만여 명이 회선사상충에 감염되었다고 추정한다. 강변실명증은 아직 백신이나 예방약이 없으므로 먹파리 유약충을 제거하는 살충제를 헬리콥터나 비행기로 강에 뿌리거나, 지역사회 주도로 감염자에게 이버멕틴과 항생제를 투여하는 방식으로 통제된다. 2013년 이후 콜롬비아, 에콰도르, 멕시코, 과테말라 등 4개국이 강변실명증을 퇴치했다고 선언하는 등 그러한 전략은 대대적인 성공을 거두었다. 고립된 지역사회는 많은 경우 질병 통제에 취약하다. 베네수엘라와 브라질에 걸쳐 있는 아마존 열대우림에는 야노마미Yanomami족[12] 3만여 명이 전통 마을에 거주하며, 이들 공동체에서 강변실명증은 풍토병이다. 강변실명증을 퇴치하기 위해, 보건 관리자는 야노마미족 공동체의 장로와 주술사에게 접근해서 부족 구성원에게 이버멕틴을 투약해도 좋다는 허락을 받았다. 야노마미족은 강변실명증 환자를 치료하고, 관련 지식을 전파하며, 마을을 잇는 습지대 길을 통해 치료제를 전달하는 법을 익히고 있다.

300종이 넘는 기생충이 인간을 감염시킨다. 그중 일부는 인간을 우연한 기회에 감염시키거나 거의 감염시키지 않지만, 약 90여 종은 인간 숙주에서 살도록 적응했으며 전 세계에서 말라리아와 결핵을 능가하는 질병을 초래한다. 이버멕틴이 제한적으로 성공을 거두자 과학자들은 그보다 효과적인 의약품을 탐색하기 시작했고, 보건 기관은 치료 사업에 지역사회를 참여시켜야 할 필요성을 절실히 깨달았다. 인류가 언제나 기생충과 함께 살

---

12 브라질과 베네수엘라에 걸친 아마존 열대우림에 사는 원주민이다.

아왔고 앞으로도 그럴 것이라 단언하기는 쉽지만, 기생충이 인간 삶에 미치는 해악은 과소평가될 수 없다. 지역사회와 문화를 보호하는 동시에, 생물 다양성을 보전하며 위험하고도 치명적인 기생충을 통제하는 방안을 마련하는 것이 우리에게 남은 막중한 과제이다.

아름다운

생명

4장.
생명의 나무 속 기생충

기생은 모든 생명체에 걸쳐 나타나는 생활 방식으로, 생명의 나무 곳곳에서 발견된다. 모든 동물 종은 기생생물이거나 아니면 숙주로 알려져 있다. 알려진 모든 동물 중에는 자유 생활을 하는 종보다 기생 생활을 하는 종이 더 많다. 기생생물은 거의 모든 유형의 생물에서 발견된다. 이들은 생명의 나무 굵은 줄기의 대부분과 무수한 곁가지를 따라 진화했다. 기생 생활은 동물만 하는 것이 아니며, 기생식물과 기생균도 존재한다. 바이러스는 본질적으로 기생성이고, 일부 바이러스(파지phage)는 세균에 기생한다. 주요 동물군 중에서는 놀랍게도 극피동물echinoderm만이 기생하도록 진화하지 않았다고 밝혀졌다.

인간에게 가장 해로운 몇몇 기생충은 단순한 단세포생물로,

원생생물Protista이라는 광범위한 범주에 속한다. 말라리아를 일으키는 골칫거리는 곤충과 인간의 몸속에 사는 단세포 원생생물인 열원충Plasmodium이다. 일부 열원충은 학질모기Anopheles mosquito의 장 내층에서 번식한다. 학질모기는 침을 사람의 혈액에 주입해 미세한 감염형 열원충을 전파한다. 몇몇 열원충 종은 발육 중에도 놀랄 만큼 생명력이 강해 수년간 체내에서 살아남을 수 있으며 말라리아를 재발시키기도 한다. 열원충 종은 인간과 공진화할 만큼 오랜 세월에 걸쳐 인간과 함께 살았다. 서아프리카에 살았던 선대 인류의 후손은 열원충을 방어하기 위해 변형된 혈액 세포를 생산하는 유전자를 지니기도 한다. 그런데 이러한 유전자는 낫모양적혈구빈혈을 유발할 수 있으며, 이 유전자를 보유한 사람은 말라리아에 강한 저항력을 보이지만 한편으로는 혈액의 산소 운반 능력이 떨어지는 치명적인 문제를 견뎌야 한다. 열원충 같은 원생생물은 특정 곤충과 진화적 계약을 맺은 듯 보이는데, 그 계약 내용은 숙주가 전염을 매개해 기생충이 광범위하게 퍼지도록 돕는다는 것이다. 지금도 전 세계에서는 매년 2억 명 넘는 말라리아 환자가 발생해 40만여 명이 사망하고 있으며, 사망자 대부분은 5세 미만 아동이다.

톡소포자충Toxoplasma gondii은 단세포 기생충으로 대개 고양이를 감염시키지만 사람에게도 널리 영향을 미친다. 원생생물에 해당하는 이 기생충은 고양이 똥에 노출되거나 덜 익은 고기를 먹은 사람에게서 흔히 발견되며 세계 인구의 약 3분의 1을 감염

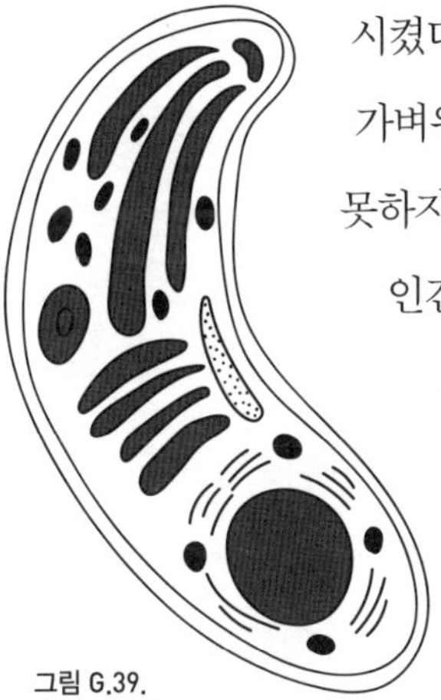

그림 G.39.
톡소포자충

시켰다. 톡소포자충증toxoplasmosis은 증상이 가벼워서 많은 사람이 감염 사실을 인지하지 못하지만, 어린아이와 면역계가 손상된 사람, 인간 면역결핍 바이러스(HIV) 양성자, 암 환자에게 치명적이다. 최근 톡소포자충증은 북부 캘리포니아에 서식하는 해달 개체군의 주요 사망 원인으로 밝혀졌는데, 톡소포자충의 저항성 난포낭oocyst[1]을 함유한 고양이 똥이 바다로 흘러가 해달의 먹이를 오염시킨 까닭이었다.

또 다른 원생생물 기생충은 아프리카 수면병African sleeping sickness을 일으킨다. 원생생물인 브루스파동편모충Trypanosoma brucei은 체체파리Tsetse fly를 매개로 인간 혈액에 주입된 뒤, 중추신경계를 침범해 아프리카 수면병을 유발한다. 아프리카 수면병은 질병 퇴치를 위한 노력 덕분에 감염 사례가 극적으로 줄었지만, 사하라 이남 아프리카에 거주하는 사람들 수천 명은 여전히 파동편모충에 감염되거나 아프리카 수면병의 위험에 노출된 실정이다. 아메리카 대륙에서는 원생생물 크루스파동편모충Trypanosoma cruzi이 침노린재과 곤충을 매개로 인간에게 전염된다. 침노린재과 곤충이 인간의 피를 빨면서 피부에 크루스파동편모

---

1 기생성 원생생물의 감염형 또는 저항형으로, 숙주 체외로 빠져나간다.

충의 감염형이 섞인 똥을 배설하면 인간 숙주가 크루스파동편모충에 감염된다. 크루스파동편모충은 남아메리카와 중앙아메리카에 사는 사람들 수백만 명에게 샤가스병Chagas disease[2]을 초래하는데, 이 병으로 매년 약 10,000명이 사망한다. 그 밖의 기생성 원생생물군으로는 모래파리에 물린 사람을 감염시키는 리슈만편모충속Leishmania20여 종이 있다. 전 세계 대부분의 열대 지역과 뜨거운 사막에서는 수백만 명이 리슈만편모충에 감염되어 고통스러운 피부궤양을 앓는다.

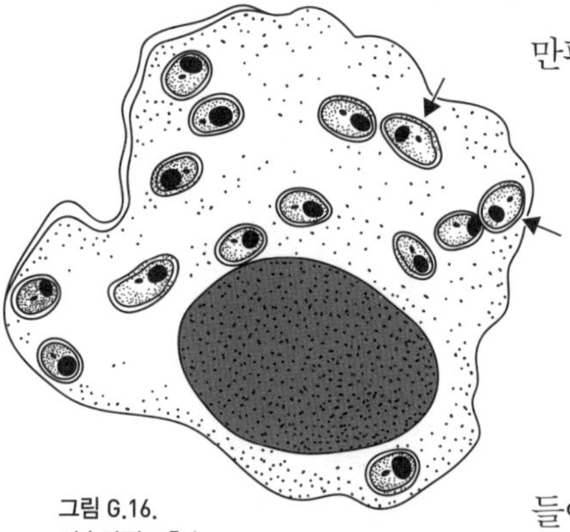

그림 G.16.
리슈만편모충속

원생생물들은 하나의 세포로 이루어졌다는 점을 제외하면 특성이 제각기 크게 다를 수 있으며, 이들이 공통 조상을 공유하는지도 명확하지 않다. 원생생물은 대부분 자유 생활을 하지만, 알려진 수천 종은 여전히 기생 생활을 한다. 다른 종의 자원을 착취할 때는 몸집이 작은 편이 유리하며, 그러한 면에서 단세포 원생생물은 기생 생활에 상당히 적합하다. 람블편모충Giardia duodenalis은 외형이 독특한 기생성 원생생물로, 현미경

2 기생성 원생생물인 크루스파동편모충에 감염되면 발생하는 질병이다. 오염된 음식이나 음료를 섭취해도 발병하지만, 일반적으로 '키스벌레'가 전파한다. 크루스파동편모충의

을 통해 이들을 관찰하면 생
김새가 마치 두 눈처럼 생
긴 DNA를 함유한 핵이 우
리를 응시하는 듯 보인다.
이 원생생물은 물속에서 기
회를 틈타 동물들 사이를 오가
다가, 정수하지 않은 물을 마시는
배낭여행자를 이따금 감염시킨다. 람블
편모충은 깨끗한 물에 접근할 수 없는 사람들
중 최대 3분의 1을 감염시켰다는 점에서, 전파 범위
가 무척 넓다.

　　기생생물의 생활 방식은 다세포생물 사이에 널리 자리 잡았
다. 수많은 기생균이 식물, 그중에서도 밀, 쌀, 옥수수, 바나나, 감
자 등 인간의 주요 식량 작물을 감염시켰다. 기생균은 인간 문화
에 지대한 영향을 미쳤다. 아일랜드에서는 1840년대에 기생균이
감자를 감염시키며 기근이 발생해 수백만 명이 나라를 떠나거나
굶어 죽었으며, 이 사건은 아일랜드를 영구히 변화시켰다. 균류
가 일으키는 질병, 이를테면 녹병rust, 도열병blast, 마름병blight, 깜
부기병smut, 흰가루병mildew은 쉽게 해결할 수 있는 문제처럼 들

분포는 아메리카 대륙에 한정되며, 이 질병은 늘 치명적이지는 않지만 만성화되면 건강
악화와 조기 사망으로 이어질 수 있다.

리겠지만, 실제 균류의 생명력은 무척 끈질기고 강인하다. 따라서 인간의 주요 식량 작물을 보호하는 유일한 방법은 균류 저항성을 타고나는 자연 변종 식물을 활용하는 것이다. 현대 농업에서는 줄지어 나란히 재배되는 식량 작물 개체들이 서로 유전학적으로 동일하기 때문에 기생균에 매우 취약하다.

식물은 대개 자유 생활을 하지만 일부 종은 다른 식물에 기생하도록 진화했으며, 이러한 기생식물은 놀랄 만큼 다양하다. 세계에서 가장 큰 꽃인 시체백합corpse lily은 라플레시아속*Rafflesia*에 속하는 뿌리 기생식물의 일종이다. 파인드롭pinedrop 또한 뿌리 기생식물로 숲에 돋아나는 빨간색 또는 흰색의 작은 가로등 기둥처럼 생겼으며, 침엽수 뿌리에 사는 균류에 기생한다.

그림 G.33. 라플레시아속

파인드롭은 자원을 광합성 식물로부터 직접 훔치는 대신, 광합성 식물의 동료인 균류에게서 훔친다. 새삼dodder은 새삼속*Cuscata* 식물로 나팔꽃morning glory과 친척 관계인 기생식물이다. 오래된 스파게티 면 뭉치처럼 생긴 새삼은 기

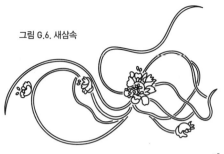

그림 G.6. 새삼속

생근haustorium이라는 특수 기관을 써서 숙주의 관다발에 자신을 삽입한다. 유럽겨우살이 *Viscum album*는 땅에 살면서 뿌리로 자원을 공급받지 않고, 높은 우듬지에 무리 지어 살면서 나무의 관다발에 기생근을 삽입한다. 식물 기생의 거의 모든 사례에는 서로 독립적으로 발생한 진화 사건이 반영되었으며, 이는 기생이 지속 가능한 생활 방식으로서 진화의 역사에 거듭 등장했다는 증거다.

그림 G.43.
유럽겨우살이

동물계는 하나의 영역이라기보다, 이동 방식과 반응 방식이 제각각인 다세포생물을 아우르는 다채로운 집단이다. 무척추동물은 30가지 주요 문phylum으로 분류되며, 각각의 문마다 기생 생활 방식이 발견되는 빈도는 크게 다르다. 일부 무척추동물, 이를테면 불가사리, 연잎성게sand dollar, 성게, 해삼을 포함하는 극피동물문Echinodermata은 기생하는 형태로 진화하지 않았다. 그러나 해면동물문Porifera은 기생 생활 방식이 수억 년 전부터 존재했다는 증거가 있다. 해파리와 산호를 포함하는 자포동물문Cnidaria에 는 기생충인 믹소볼루스 세레브랄리스*Myxobolus cerebralis*가 속하 는데, 어린 연어와 송어가 이 기생 충에 감염되면 신경계가 느 리게 파괴되면서 원을 그리 며 헤엄치는 선회병whirling disease에 걸린다. 환형동물 문Annelida에는 거머리의 일 종인 플라코브델로이데스 야 이게르스키오일디*Placobdelloides*

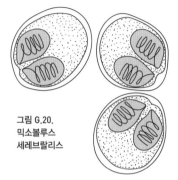

그림 G.20.
믹소볼루스
세레브랄리스

*jaegerskioeldi*가 속하며, 이 거머리는 하마의 항문 안쪽이라는 색다 른 서식지에서 먹이를 먹고 번식하며 평생 산다.

조개, 홍합, 오징어, 달팽이가 속한 연체동 물문Mollusca[3]에서는 기생 생활 방식이 흔하 다. 민물 홍합과 바지락의 유생은 모 두 물고기와 올챙이에 기생하며, 민물 홍합과 바지락의 성체 는 유생이 적합한 숙주 로 침투할 수 있도록 기발한 방법을 진화

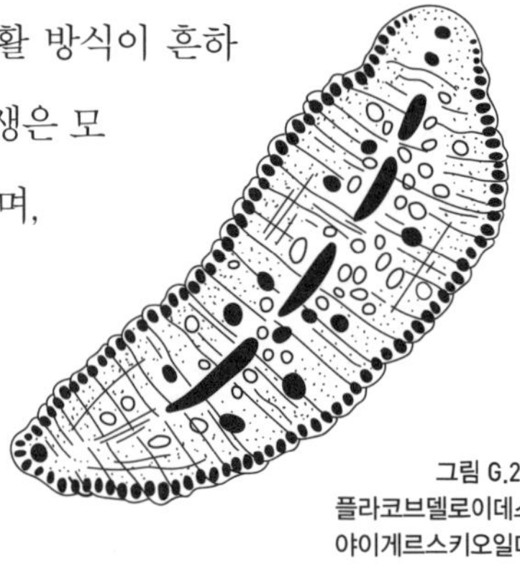

그림 G.27.
플라코브델로이데스
야이게르스키오일디

---

3 달팽이류, 민달팽이류, 조개류, 홍합류, 오징어류, 문어류를 포함하는 무척추동물문이다.

시켰다. 예컨대 팻머켓홍합fatmucket mussel*Lampsi-*
*lis siliquoidea*은 맛있는 피라미
를 모방한 먹음직스
러운 미끼를 흔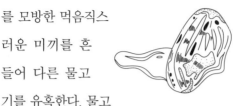
들어 다른 물고
기를 유혹한다. 물고

그림 G.15. 팻머켓홍합.

기가 가까이 접근하면 팻머켓홍합은 그 물고기의 아가미에 유생
떼를 내뿜고, 이후 홍합 유생은 스스로 살아갈 준비가 될 때까지
물고기 아가미에 붙어 먹이를 섭취한다.

절지동물문Arthropoda은 외골격으로 둘러싸였으며 관절이
있는 부속지를 지닌 각양각색 동물들, 이를테면 새우, 게, 따개비,
지네, 등각류, 벼룩, 파리, 벌, 말벌, 개미, 진드기, 응애, 거미 등을
아우르는 분류군이다. 기생성 절지동물은 숙주의 내외부에서 살
기 위해 기상천외한 습성을 진화시켰다.

가령 새우의 일종인 팁톤 카르네우스*Typton carneus*는 불꽃해
면fire sponge 내부에 살면서 발톱으로 해면의 골편을 부수고 부드
러운 조직을 섭취한다. 말파리속*Gasterophilus*에 속하는 일부 말파
리botfly는 말의 무릎 아래 다리털에 알을 낳고, 말이 알을 핥으면
부화한다. 기생성 말파리 유충은 부화한 뒤 말의 혀에 달라붙어
조직을 통해 위stomach로 이동하고, 위에서 피와 점액을 섭취하며
발달을 마친다. 심지어 다른 기생 말벌 종의 알집에 알을 낳는 기
생 말벌도 있다.

절지동물문에 속하는 동물군인 응애류는 거의 모든 다른 동물과 식물에 기생하는 다양한 종을 포함한다. 응애류는 거미와 유사한 다채로운 종으로 구성된 집단이다. 대부분 물이나 흙에서 자유 생활하며, 응애의 영역을 침범한 사람이 털진드기chigger[4]라고 불리는 응애 유충에게 물릴 때만 문제가 된다. 일부 응애는 식물의 생장점 부근에 벌레혹gall을 유발한다. 다른 일부 응애는 벌을 감염시키는데, 예를 들어 바로아응애Varroa mite는 꿀벌 군집 전체를 붕괴시켜 꿀벌의 수분 활동에 의존하는 농작물을 위협한다. 어떤 응애 종은 실잠자리damselfly를 감염시키고, 다른 응애 종은 송장헤엄치게backswimmer에 기생하며, 또 다른 응애 종은 잠자리, 물새, 물고기, 때로는 물 근처에서 노는 아이를 감염시킨다.

생명의 나무를 구성하는 생물에는 기생 생활에 특히 능숙한 세 집단이 있다. 이 세 집단은 무척추동물에 속하는 선충류, 구두충류, 편형동물류(편형동물문Platyhelminthes)[5]이다. 선충류는 터무니없이 흔한데, 추정치에 따르면 다섯 가지 동물 종 가운데 네 가지 종이 선충류다. 2만 5,000종에 달하는 선충류가 척추동물에 기생한다고 알려졌으며, 이처럼 알려진 종은 다양한 기생성 선충 중 극히 일부에 불과하다. 기생충은 또 다른 거대 집단인 편형동물류에도 많다. 편형동물문에 속하는 모든 종의 약 80퍼센트가

---

4 한국어명은 털진드기이지만 분류상 진드기tick가 아닌 응애mite에 속한다 — 옮긴이주.
5 형태가 단순하고 기관을 거의 지니지 않은 고대 동물 집단이다. 분화한 일부 기생성 편형동물, 예컨대 조충은 순환계나 소화관이 없으며 생식기만 있다.

기생충이며, 흡충류(흡충강 *Trematoda*)[6]와 조충류(조충강 *Cestoda*)[7]가 편형동물류에 포함된다. 세 번째 집단인 구두충류는 다른 어느 집단보다도 기괴하다. 구두충류는 구두동물문 *Acanthocephala*에 속하는데 대략 1,500종을 포함하며, 일부 구두충은 숙주에게 중세 마법사처럼 강력하고도 이상야릇한 영향을 준다.

인간이 속한 동물군, 즉 척추동물은 문화 또는 복잡성이 아닌 척추라는 견고하고 유용한 구조를 공유하는 집단이다. 척추동물에 해당하는 주요 동물군은 포유류, 조류, 파충류, 양서류, 어류 등이며, 이들 중에는 기생동물이 비교적 드물다. 그런데 여러 척추동물, 이를테면 일부 조류와 어류 종이 탁란brood parasite을 한다. 탁란찌르레기Cowbird, 흰뺨오리goldeneye duck, 미국흰죽지red-headed duck, 구세계뻐꾸기Old World cuckoo 종들은 다른 새 둥지에 알을 낳고 양부모에게 새끼 양육을 맡긴다. 일부 침입자 종은 때때로 둥지 주인의 알을 둥지 밖으로 몰래 밀어내 자신의 새끼가 생존하도록 돕는다. 또 다른 침입자 종은 새끼가 양부모의 알을 깨거나 다른 새끼를 죽여서 양부모가 주는 관심과 자원이 분산되지 않도록 막는다. 탁란은 다양한 조류와 어류 계통에

---

6 흡반 두 개를 지닌 것이 특징인 편형동물이다. 흡반 한 개는 몸 앞쪽 끝에 있고, 다른 한 개는 중간에 있다. 모든 흡충류는 연체동물을 첫 번째 중간숙주로 삼는다.

7 조충류는 독특한 기생성 편충이다. 입과 내장이 없으므로, 몸을 감싸는 보호 표면인 외피tegument로 영양소를 흡수한다. 대부분 크기가 작고, 형태가 동일하며, 생식 기관을 포함하는 부위인 편절로 이루어졌으며, 편절은 알로 가득 차면 몸의 뒷부분부터 떨어져 나간다.

서 독립적으로 진화했다. 이러한 생활 방식은 생물이 숙주 안에서 살아남기 위해 진화하는 동안 몸의 형태와 기능을 바꾸는 기생의 유형과 근본적으로 다르다.

기생은 놀랄 만큼 흔하며, 고등 생물에게만 보이는 생활 방식이 아니다. 미토콘드리아는 오늘날 모든 고등 생물에 에너지를 제공하는 세포 기관이지만, 짐작건대 생명의 진화가 일어난 초기에 기생생물에서 유래했을 것이다. 세균과 유사한 생물이었던 미토콘드리아는 세포를 본거지로 정했고, 마침내 세포의 필수 구성 요소가 되었다. 현재 미토콘드리아가 살아 있는 세포의 일부로만 존재한다는 점에서, 우리는 미토콘드리아를 더는 기생생물로 여기지 않는다. 마찬가지로 모든 바이러스는 번식을 위해 숙주 세포에 의존하며, 이들은 근본적으로 기생 관계에 해당한다.

모든 생명체는 공통 조상에서 유래했다. DNA와 RNA[8]의 무작위적인 돌연변이와 재조합은 시행착오를 거쳐 혁신을 이룬다. 어떤 개체가 자신의 유전자를 후손에게 물려주느냐에 따라 생명의 나무가 결정된다. 생명의 나무를 이루는 구불구불한 경로를 따라가다 보면, 멸종이라는 무수한 막다른 골목 사이에서 오늘날의 생명체를 탄생시킨 몇몇 활기찬 길을 발견하게 된다. 거의 모든 경로에 기생을 생존 수단으로 택한 생물이 존재한다. 숙

---

8 이중 가닥인 DNA와 비슷한 고분자 물질이지만, 단일 가닥으로 이루어졌다. 일부 바이러스는 RNA가 주요 유전물질이다. 생물 대부분은 단백질 합성에 RNA를 사용한다.

주보다 몸집이 작은 기생생물은 보통 숙주 표면에 사는 외부기생물ectoparasite[9]이거나, 숙주 체내에 사는 내부기생물[10]이다. 이처럼 기발한 생활 방식을 온갖 동물과 식물이 선택한 결과, 기생은 지구상에서 가장 성공적인 생활 방식이 되었다.

---

9 일반적으로 숙주의 피부, 비늘, 깃털, 껍질 위에서 사는 생물이다.
10 다른 생물종의 내부에 살면서 이따금 숙주에 해를 끼치는 생물이다.

5장.
완벽한 숙주

달팽이는 좀처럼 인간의 관심을 끌지 못한다. 정원 식물을 먹거나 어항 벽면에 낀 조류algae를 먹어 치울 때는 종종 발견되지만, 대개는 나뭇잎 아래에 숨어서 우리 눈에 띄지 않는다. 흡충류라고도 불리는 기생성 편형동물은 삶의 특정 단계에서 달팽이에게 중요한 역할을 맡긴다. 어린 흡충은 흡충류의 중간 정차역, 즉 중간숙주인 달팽이에서 충분히 발달한 다음 고유숙주에 도달해 유성생식한다. 캘리포니아대학교 샌타바버라 캠퍼스 소속 기생충학자 아르망 커리스Armand Kuris는 숙주를 광활한 서식지에 조성된 작은 섬들이라 일컫는다. 숙주는 특정 발달 단계에 도달한 기생충에게 생명 유지에 필요한 자원을 제공하는 레퓨지아Refugia[1]로 작용한다.

인간은 하나의 연속 궤도를 따라 성장하는 보기 드문 생물이다. 대다수 포유류가 그렇듯 인간의 유아는 점진적으로 성장해 어른이 되는 동안 신체의 크기와 지능, 정신 수준은 변화하지만, 나머지 인간종의 특성은 계속 남아 있다. 하지만 수많은 생명체는 발달 도중 갑작스러운 변화를 겪는다. 이들은 보통 유생 시기를 거치며, 유생은 성체의 축소판과 비교하면 완전히 다르다. 개구리는 다리가 없고 자유롭게 헤엄치는 올챙이 시기를 거쳐 네 다리와 끈적한 혀를 지닌 성체로 변태metamorphosis[2]한다. 나비는 애벌레, 딱정벌레는 굼벵이, 파리는 구더기, 게는 노플리우스naup-lius,[3] 바지락과 달팽이는 피면자veliger[4] 시기를 거친다. 이러한 생물은 발달하면서 완전히 다른 형태로 변화하기 시작해 세포와 조직이 전부 재구성되는 변태 과정이 끝난 이후에야 같은 종의 성체로 인식될 수 있다. 기생생물, 특히 기생충은 몸을 한 형태에서 다른 형태로 바꾸는 데 능숙하다. 그리고 대부분 발달하는 동안 알려진 순서대로 2회 이상 변태하며, 변태할 때마다 몸의 형태와 생리 기능이 변화한다.

각 변태 시기에는 고유의 요구 사항이 따르므로, 기생충은

---

1 빙하기에 비교적 기후변화가 적어 다른 지역에서는 멸종한 생물종이 생존하고 번성할 수 있었던 지역 — 옮긴이주.
2 한 발달 단계에서 다음 발달 단계로 넘어가며 형태가 변화하는 과정으로, 대개 애벌레 형태에서 다른 형태 또는 성체로 변하는 것을 의미한다.
3 갑각류가 알에서 부화한 뒤 첫 번째로 진입하는 유생 단계다.
4 연체동물의 유충 단계로 자유롭게 헤엄친다.

생명을 유지하려면 두 가지 이상의 지원 체계를 갖추어야 한다. 즉, 다수의 기생충은 번식해 자손을 남길 만큼 장기간 생존하려면 둘 이상의 숙주가 필요하다. 기생충 관점에서, 달팽이류는 다음 거주지로 이동하기 전에 영양분과 번식 공간을 제공하는 이상적인 매개자다. 일부 기생성 흡충은 알이 물속에서 부화하며, 부화한 유충은 빛을 감지하는 안점eyespot과 미량의 화학물질도 알아차리는 예민한 후각, 그리고 위아래를 구별할 수 있는 능력을 지닌다. 유충은 달팽이에게 다가가 부드럽고 끈적한 배발[5]로 침투한다. 달팽이 몸속에서 유충은 격렬히 증식하는 세포로 구성된 작은 주머니로 변태한다. 다음 단계에서는 작은 주머니가 열리고 새로이 등장한 유충이 이전 단계를 반복하거나, 달팽이 몸 밖으로 빠져나가 물속 곳곳을 헤엄쳐 다니며 거북이, 물고기, 새, 개, 인간 등 고유숙주를 찾기 시작한다. 일단 새로운 숙주의 피부를 뚫고 들어가 간이나 장 같은 적당한 기관에 도달하면, 유충은 암수 생식기를 모두 지닌 성체로 발달해 같은 종의 다른 성체와 짝짓기한다. 새로 태어난 알 덩어리는 얼마 지나지 않아 숙주의 똥에 섞여 몸 밖으로 빠져나오고, 운 좋으면 물속에서 달팽이 근처에 안착한다.

흡충류는 보통 물에서 달팽이로, 달팽이에서 고유숙주로 깔끔하게 이동하지 않는다. 특정 흡충 종은 숙주의 수를 유연하게

---

5 달팽이 몸에서 발 역할을 하는 배 근육 — 옮긴이주.

변경할 수 있는 까닭에 조건이 맞으면 달팽이 이후 다른 숙주 동물을 둘 이상 거치기도 한다. 흡충류에 속하는 코이토카이쿰 파붐*Coitocaecum parvum*의 알은 물에서 섬모유충miracidium[6]으로 부화해 달팽이를 찾아 헤엄친다. 달팽이 몸속에서 섬모유충은 무성생식하는 낭상충sporocyst[7]으로 발달한다. 낭상충은 유미유충cercariae[8]으로 변화한 뒤 달팽이 몸 밖으로 빠져나와 다음 숙주인 단각목amphipod[9]을 찾는다. 단각목은 게와 친척

관계인 작은 청소동물scavenger로, 몸이 옆으로 길게 눌려 있는 까닭에 발이 밖으로 툭 튀어나오고 머리에 큰 눈이 달린 작은 책처럼 보인다. 코이토카이쿰 파붐은 단각목 체내에서 평생 살다가 단각목이 죽으면 알을 낳는다. 그런데 단각목이 뉴질랜드에 서식하는 불리*Gobiomorphus cotidianus* 등의 물고기에게 잡아먹히면, 코이토카이쿰 파붐은 또 다른 발달 단계를 거친다. 새로운 물고기 숙주 몸속에서 코이토카이쿰 파붐이 유성생

그림 G.4.
코이토카이쿰 파붐

---

6 기생성 흡충이 알에서 부화한 뒤 첫 번째로 진입하는 유충 단계이다.

7 기생성 흡충의 발달 단계로, 연체동물 조직 내부에서 발달한다.

8 기생성 흡충의 유충이 발달하는 과정에서 최종 단계에 해당한다. 유미유충은 미성숙하지만 흡충임을 알아볼 수 있는 몸체에 물속에서 헤엄치는 가느다란 꼬리가 달린 형태로, 초소형 올챙이와 닮았다.

9 갑각류에 속하는 하위군subgroup으로 몸의 양쪽 측면이 납작하다.

식해 알을 낳으면, 알은 물로 배출된다.

먼 옛날 흡충류는 달팽이와 우연히 관계를 형성했고, 그 뒤 이들의 관계는 지속적이고 놀라우며 때로는 기괴했다. 연구에 따르면, 흡충류가 성체로 발달해 짝을 찾고 유성생식하는 고유숙주는 물고기, 새, 포유류 같은 척추동물이다. 그런데 달팽이가 처음부터 흡충류의 유일한 숙주로 출발했는지, 아니면 나중에 숙주 지위를 획득했는지는 밝혀지지 않았다. 다양한 흡충 종과 숙주간의 진화 관계를 연구하면 언젠가는 이들 관계의 기원이 밝혀질 것이다. 흡충류 생활사에서 달팽이가 숙주로 자리 잡은 계기는 달팽이 자연사 연구에서 단서가 조금씩 드러나고 있다.

달팽이가 지닌 놀라운 특징은 아주 오랜 세월 생존해왔다는 점이다. 5억여 년 전, 달팽이의 조상은 처음으로 산소가 바다에 충분히 공급되며 생명 다양성이 폭발적으로 증가한 시기에 최초의 동물과 함께 등장했다. 최초의 양서류[10]가 육지에 출현했을 당시, 달팽이는 공룡에게 밟힐 위험을 감수해야 했다. 그런데 공룡과 달리 달팽이는 종이 다양했던 덕분에 백악기 말 소행성 충돌에서 살아남았고, 충돌의 여파로 생존에 어려움을 겪던 작은 동물에게 중요한 먹이가 되었다.

달팽이는 다양성이 풍부하고 환경에 유연하게 적응하므로, 북극부터 바닷속 가장 깊은 심해 평원의 열수분출공 hydrothermal

---

10 척추동물에 속하는 강 class으로 두꺼비와 개구리, 도롱뇽을 포함한다.

vent에 이르는 지구상 거의 모든 곳에서 발견된다. 달팽이는 복족류gastropod[11] 연체동물로 조개, 굴, 오징어와 친척 관계다. 현존하는 복족류는 약 10만 종, 멸종해 화석만 남은 복족류는 수만 종이다. 달팽이는 다른 복족류, 이를테면 정원민달팽이garden slug나 갯민숭달팽이nudibranch라는 이름의 우아하고 화려한 해양 민달팽이와 다르게 몸을 완전히 감싸는 외부 껍질을 만든다. 자신의 집을 짓는 능력은 진화의 역사에 여러 번 등장했고, 그 까닭에 '달팽이'라는 용어는 다양한 동물군을 포함하며, 그런 동물군 중 일부는 육지에서, 다른 일부는 민물에서, 또 다른 일부는 바다에서 진화했다. 유폐류pulmonates[12] 달팽이는 폐 같은 구조로 공기를 호흡하는 반면, 다른 동물군은 물속에서 아가미로 호흡한다. 오랜 세월이 흐르자, 민물이나 바닷물에 사는 폐호흡 달팽이와 육지에 사는 아가미호흡 달팽이가 발견될 만큼 달팽이는 극도로 다양해졌다. 일부 달팽이는 치설radula이라 불리는 이빨 모양 기관으로 조류algae를 섭취하지만, 다른 일부는 탐욕스러운 육식동물이며, 또 다른 일부는 기회주의적인 잡식동물이다.

주혈흡충이라고 불리는 몇몇 흡충류 집단은 100만 년이 훌쩍 넘는 시간 동안 달팽이와 인간의 조상을 감염시켰다. 초기 인류의 친척, 이를테면 호모 에렉투스Homo erectus가 개울가나 강변

---

11 연체동물의 하위 분류군으로 달팽이와 민달팽이를 포함한다.
12 폐와 비슷한 기관으로 호흡하며 육지에 서식하는 달팽이와 민달팽이다.

에 거처를 마련하는 동안, 흡충은 그들을 손쉽게 숙주로 삼았을 것이다. 주혈흡충의 알에서 부화한 유충은 섬모유충이라는 독특한 이름으로 불리며, 이는 편형동물의 발달 과정에만 등장한다. 이 작은 생명체는 마블 슈퍼히어로에 견줄 만한 다양하고 특별한 능력을 지닌다. 섬모유충은 털처럼 생긴 섬모cilia로 헤엄친다. 그리고 숙주를 추적하는 특별한 능력을 활용해 숙주로 삼을 만한 알맞은 달팽이 종을 찾는다. 섬모유충은 달팽이를 발견하면 곧바로 섬모 보호막을 해제하고 분비샘 세포에서 효소를 분비해 달팽이 배발의 표면을 녹여 침투한다. 달팽이 체내로 들어온 섬모유충은 침투 지점 근처에서 낭상충으로 변화하며, 낭상충은 무수한 딸세포를 낳는다. 낭상충 딸세포는 소화샘 등 달팽이의 체내 기관으로 이동한다. 마침내 딸세포는 꼬리가 두 갈래로 갈라진 유미유충이 되고, 달팽이에서 물로 유미유충 수천 마리가 분출된다. 미세한 화살 형태의 추진체인 유미유충은 안점을 이용해 수면으로 격렬히 꿈틀대며 올라가다가 차츰 가라앉지만, 다시 수면으로 헤엄쳐 오른다. 유미유충은 이러한 행동을 약 3일간 반복하다가 감염시킬 사람의 피부를 발견하지 못하면 죽는다.

운 좋은 유미유충은 물을 건너거나 헤엄치는 불행한 사람을 발견한다. 유미유충이 흡반을 써서 사람 피부에 들러붙으면, 유미유충의 꼬리가 떨어진다. 그러면 유미유충은 피부를 녹이는 효소를 분비하며 피부 세포 사이를 비집고 들어간다. 새로운 숙주에 들어간 유미유충은 간과 심장 순으로 이동한 뒤 혈관을 타고 대장에 도착한다. 혈관 속에 머무르는 동안 수컷이 먼저 성숙하고, 이후 암컷이 수컷을 찾아내 수컷 몸의 갈라진 틈으로 들어가 알을 낳는다. 짝짓기는 순식간에 끝나지 않는다. 최장 40년에 달하는 평생 동안 수컷과 암컷은 교접한 상태를 영구적으로 유지한다. 마지막에 일부 알은 장벽을 통과해 내강으로 들어가 대변에 섞여 배출된다. 다른 일부 알은 혈류를 타고 간으로 들어가 결국 파괴되지만, 숙주에게 심각한 질병을 일으키는 염증을 유발한다. 유미유충에 감염된 사람이 상수원에서 배변하면, 앞에서 설명한 생활사가 반복된다. 감염된 사람은 단기적으로 독감에 걸린 것처럼 느끼지만, 장기적으로 학습 장애, 빈혈, 영양실조, 발작, 다발성 장기부전을 겪게 된다.

주혈흡충에는 최소 20종이 있고, 각각의 주혈흡충 종은 저마다 선호하는 숙주와 별난 습성을 지닌다. 주혈흡충은 감염시킬 달팽이 종을 까다롭게 고르며, 선택된 달팽이의 분포와 선호하는 서식지(고인 물, 천천히 또는 빠르게 흐르는 개울)가 주혈흡충의 분포를 결정한다. 인간은 주혈흡충을 통제할 방법을 알아내려 고군분투한 끝에 몇 가지 놀라운 사실을 알아냈다. 20세기 초 일본 연구자들은 일본주혈흡충*Schistosoma japonicum*의 생활사를 연구하며 논에서 일하는 농부가 위험에 노출되었음을 깨달았다. 그래서 한동안 전국적으로 주혈흡충증 퇴치 운동을 진행하고 어린 학생들에게 작은 달팽이 숙주인 온코멜라니아속*Oncomelania*을 잡도록 해서 한 병당 0.5엔씩 줬다. 이후 관개수로를 시멘트로 메우고, 습지에서 물을 빼고, 달팽이 제거제를 뿌리고, 감염된 사람들을 치료하는 등 과감한 조치를 시행한 일본은 마침내 1994년 주혈흡충증을 퇴치했다. 하지만 이 같은 퇴치 노력과 무관하게 주혈흡충은 적어도 다섯 종이 매년 전 세계 20만여 명의 목숨을 앗아가고, 수많은 사람들에게 장기간에 걸쳐 장애를 일으키며, 인간에게 가장 흔히 발병하는 기생충증의 원인이 되었다.

모든 주혈흡충증 퇴치 운동이 좋은 성과를 거둔 것은 아니다. 이집트 보건부는 높은 만손주혈흡충 감염률에 대응하기 위해 1950년대부터 1980년대까지 대규모 퇴치 운동을 진행했다. 현재 주혈흡충증의 표준 치료법은 의약품을 경구 복용하는 것이지만, 당시 승인된 치료법은 토주석tartar emetic을 여러 번 주사하는 것이었다. 당시에는 질병이 혈액으로 전염된다는 인식이 거의 없었으므로, 일회용 바늘이 보편적으로 사용되지 않았다. 주혈흡충증 퇴치 운동이 그릇된 방식으로 진행되면서 전 국민에 C형 간염 바이러스가 확산했다. 이제 주혈흡충증 치료법은 현대화되었지만, 이집트는 C형 간염 감염률이 세계에서 여전히 가장 높다.

흡충류는 크기가 매우 작고, 몸길이가 1밀리미터 미만에서 수 센티미터에 이를 만큼 다양하다. 일부 환경에서 몇몇 흡충 종은 무척 흔한 까닭에 생물량이 놀랄 만큼 많다. 생태학자는 먹이 그물을 토대로 습지나 연못 같은 환경에 사는 생물 간의 먹이 관계를 지도화하고, 어떤 생물이 생산자이고 1차·2차·3차 소비자인지 각각 나타낸다. 일반적인 시나리오에는 조류algae, 달팽이,

피라미, 개구리가 등장한다. 여기에 가래pondweed, 물벼룩, 잠자리, 농어, 왜가리 같은 최상위 포식자를 더하면 거미줄 형태가 갖춰진다. 그런데 과학자들이 습지 달팽이에 기생하는 흡충류의 개체 수를 연구하기 시작하자, 먹이그물을 토대로 생물 군집의 연결을 나타내는 방식이 바뀌게 되었다. 습지에 사는 기생성 흡충의 생물량은 무척 방대해서, 때로는 습지를 방문하는 모든 새의 생물량보다도 많다. 즉, 일반적인 먹이그물에는 언급하기 곤란한 요소, 더욱 또렷하게 말하자면 꿈틀대는 기생충의 방대한 개체 수가 빠져 있다. 오늘날 과학자들은 기생충 생물량으로 생물 군집의 건강을 측정할 수 있다고 주장한다. 기생충은 골칫거리가 아니라, 다채로운 생물 군집을 안정시키고 연결 고리를 유지하는 모르타르 역할을 한다.

기생은 기생충과 숙주 사이의 역동적인 관계를 수반한다. 기생충은 필연적으로 숙주에게 해를 주지만, 적어도 단기간은 숙주를 살려둬야 이익을 얻는다. 숙주는 기생충이 주는 해로운 영향을 최소화하거나 좋은 영향으로 전환하기 위해 끊임없이 진화하고 있다. 일부 숙주는 시간이 흐를수록 기생충에 맞서 더 효과적인 면역 반응을 개발하지만, 기생충과 숙주는 서로 협력하며 진화하는 까닭에 숙주가 전보다 강력한 면역 반응을 갖추면 기생충은 그런 면역 반응을 회피하는 능력을 진화시킨다.

숙주는 기생충과 함께 생존하는 참신한 방법을 이따금 개발한다. 달팽이 체내에서 일부 흡충 종은 달팽이 숙주의 생식기 발

만손주혈흡충

알이 대변에 섞여 하천으로 흘러든다.

알에서 섬모유충이 부화한다. 섬모유충은 헤엄쳐서 달팽이에 접근하고 체내로 침투한다.

섬모유충이 달팽이 체내에서 발달한다.

유미유충이 사람의 피부로 침투한다.

유미유충이 달팽이에서 물로 자유롭게 방출된다.

유미유충이 꼬리를 잃고 간으로 이동한 다음 장 주변 혈관에서 성체로 발달한다.

알이 대변에 섞여 배출된다.

성체가 짝짓기하고 알을 낳는다.

그림4. 만손주혈흡충의 생활사.

달을 억제해 생식 기능을 잃게 한다. 달팽이류의 일종인 비옴팔라리아 글라브라타*Biomphalaria glabrata*는 만손주혈흡충에게 거세[13]당하기 전에 갑자기 알을 부화시켜 번식 속도를 올리는 식으로 피해를 상쇄한다. 일부 캘리포니아 염생 습지에서는 캘리포니아고둥*Cerithideopsis californica*의 절반 이상이 생식 기능을 파괴하는 흡충류 10여 종에 감염되었다. 캘리포니아고둥은 기생충에게 거세당하기에 앞서 일찍 성숙하고 번식하며 기생충의 공격에 대응한다. 그런데 달팽이류는 기생충 한 종만을 상대하지 않는다. 달팽이 한 마리가 여러 흡충 종에 감염되는 일은 그리 드물지 않다. 숙주의 생존과 번식에 도움을 주는 변이가 미래 세대를 위해 선택될 것이다. 숙주-기생충 관계는 어느 한쪽의 승리보다 양쪽 모두 얼마간의 생존 욕구를 충족하는 타협을 추구한다.

흡충류는 고둥류와 함께 오랜 시간 진화하며 놀라운 적응 패턴을 만들었다. 가장 간단한 시나리오는 캘리포니아 남부 염생 습지에서 유하플로키스 캘리포니엔시스*Euhaplorchis californiensis* 같은 흡충이 고둥을 감염시킨다는 것이다. 흡충류의 유미유충은 고둥 몸 밖으로 나와 두 번째 중간숙주인 킬리피시killifish를 찾는다. 킬리피시는 민물이나 기수brackish water[14]에서 흔히 발견되는 작은 어류다. 유미유충은 킬리피시 체내에서 피낭유충낭metacer-

---

13 난자나 정자의 생산을 억제하거나 방해하는 모든 과정이다.
14 민물이 섞여 염도가 낮은 바닷물 — 옮긴이주.

caria cyst으로 변한다. 왜가리나 백로가 킬리피시를 잡아먹으면 흡충도 함께 이동하여, 고유숙주인 새에서 성체로 자라 짝짓기하고 알을 낳는다. 즉, 고둥-킬리피시-왜가리는 흡충의 일반적인 세 가지 숙주 패턴이다. 그런데 이 과정에서 몇몇 흡충 종은 평범하지 않은 습성을 보인다.

그림 G.11.
유하플로키스
캘리포니엔시스

일부 흡충류는 고둥의 소화 기관에서 장기간 거주하며 계속 번식한다. 이 전략적 장소에서 흡충류는 군집을 형성하고 일을 분담한다. 역할 분담은 자발적이거나 강제적으로 이루어지는 것이 아니며, 개미와 마찬가지로 유전자에 의해 결정된다. 일부 어린 흡충은 몸집이 크고 무성생식하는 개체가 되며, 이들이 생성한 유미유충은 척추동물 숙주를 발견한 뒤 유성생식으로 번식하는 새로운 군집을 형성한다. 다른 어린 흡충은 몸집에 비해 주둥이가 비대한 개체로 태어나며, 자신이 속한 군집과 경쟁하는 다른 흡충류를 공격·방어하거나 잡아먹는 행동에 특화되었다. 흡충 간의 전투는 고둥 몸속의 구불구불한 소화샘에서 일어나는데, 이곳에서 병사 흡충은 침입한 다른 흡충류가 집중될 확률이 높은 중간 지역에 배치된다. 서로 밀접하게 관련된 개체들로 구성된 군집에서는 특정 전략이 군집 전체에는 최선이지만, 각 개체에는 최선이 아닐 때도 있다. 자연 선택natural selection의 힘은 군집의 번식 적합성을 전반적으로 향상한다는 측면에서, 생물종을 무자비한 해결책으로 몰아가기도 한다. 달팽이류의 체내에서 발견되는 흡충의 사회적 행동과 정교한 상호작용은 상당히 흥미로우며, 그것의 복잡성은 이제 막 연구되기 시작했다.

　기생충과 달팽이류는 언뜻 보기에 미약한 관계를 맺는 것 같다. 달팽이류는 환영받는 숙주가 아니고, 흡충류는 성가신 손님으로 등장했다가 유성생식이라는 중요한 사업을 수행하기 위해 좀 더 바람직한 숙주를 찾아 훌쩍 떠난다. 그러나 달팽이 같은 중간 숙주가 존재하는 덕분에 흡충류는 생물로서 커다란 성공을 거두었다. 기생충의 생태학적 성공은 단순성과 안정성, 그리고 한 형태에서 다른 형태로 탈바꿈하며 발달하는 복잡한 체계에서 비롯되었다. 기생충은 일생의 각 단계에서 다음 단계로 발달하는 환경이 되어줄 다양한 숙주를 탐색한다. 각 발달 단계는 특이성을 지녀서, 대개 특정 단계마다 적합한 숙주가 요구된다. 그런데 각 단계는 생태학적 필요성이 생길 때마다 무한히 변화할 수 있다. 기생충과 숙주 사이의 복잡한 관계를 탐구하지 않고는 염생 습지도, 조수 웅덩이도, 소금 평원도 완벽하게 설명할 수 없다. 각 환경 내에는 전체 생태계를 주도하는 복잡한 생물 군집이 존재하며, 이러한 군집은 생물 간의 모든 상호 작용을 뒷받침하는 발판이 된다.

6장.
호배그와 조충

현대인은 인간이 만물의 영장이라고 생각하기를 좋아한다. 80억 명을 넘어선 인구가 지구를 지배하는 까닭에, 남극을 제외한 육지 질량의 95% 이상이 인간 입맛에 맞게 수정되었다. 위대한 사냥꾼이 강인한 생산자가 되고, 이후 탁월한 공학자가 되었다는 점에서, 인간에게 적수가 없다는 생각은 너무나 그럴듯해 보인다. 인간은 변화에 적응하는 놀라운 능력과 통찰력을 토대로, 무엇보다 하등 생물의 도전에 맞서 승리할 준비가 되어 있다.

그런데 하등 생물은 살아남는 방법을 알고 있으며, 인간과 다른 종 사이에 오래전에 형성된 미묘한 관계를 드러내는 창 역할을 한다. 다른 동물 안에서 사는 일에 정교하게 적응한 편형동물의 한 부류인 조충을 생각해 보자. 조충은 수백만 년에 걸쳐 그들만의 지배 방식을 확립했다. 조충에는 20,000종이 있고, 짐작건 대 모든 척추동물 종은 적어도 한 종의 조충에게 숙주 노릇을 했 을 것이다. 조충은 가장 단순하지만 효율적인 생물이다. 조충의 몸 앞쪽 말단, 다른 말로 두절scolex은 흡반이 달린 흡착 기관으로 변형되어 숙주의 장에 들러붙을 수 있다. 몇몇 조충 종은 갈고리 를 지녀서, 어린이가 미끄럼틀을 거꾸로 올라갔다가 손을 놓고 미끄러지듯 숙주의 소장 내에서 위아래로 움직이며 들러붙었다 가 떨어졌다 할 수 있다.

조충tapeworm이라는 명칭에서 tape은 길고 평평한 몸을 가 리키며, 조충의 몸은 편절proglottid[1]이라 부르는 일련의 생식 단위 체로 이루어졌다. 조충은 장이 없고 사다리 형태의 신경계가 있 어서 제한적으로 감각을 인지한다. 자신의 위치와 먹이 유무, 다 른 조충 개체, 그리고 다른 기생충과의 경쟁에서 오는 불쾌감을 감지한다. 조충은 영리한 방식으로 자급자족하며 대량 번식한다. 이들은 각각 알 수십만 개가 담긴 알 꾸러미 수천 개를 주위에 흩 뿌린다. 육지에서는 동물이 아무런 의심 없이 풀을 뜯으며 조충 의 작은 알이나 알 꾸러미를 섭취할 가능성이 크다. 그런데 바다 에서는 조충의 알이 광활한 해양 환경에서 길을 잃고 무수한 미 생물과 규조류, 조류에 섞여 발견되기 어려울 수 있다. 조충이 알

---

1 조충의 몸에서 동일한 형태로 반복되는 체절로, 각 편절이 독립적으로 복제와 알 생산 을 담당한다.

을 퍼뜨리는 방식에서는 특히 알 꾸러미가 돋보이는데, 알 꾸러미는 알이 소실될 가능성을 획기적으로 낮추며 적어도 알의 일부가 다른 살아 있는 동물 체내에 들어갈 확률을 높인다.

조충은 평생 여행자처럼 한 환경에서 다른 환경으로 이동한다. 조충의 알은 중간숙주가 삼키면 갈고리 6개를 지닌 유충인 육구유충hexacanth[2]으로 부화하며 첫 번째 감염형 단계로 들어선다. 육구유충은 숙주의 장에서 미세 갈고리를 이용해 체강으로 침투한다. 이는 조충이 고유숙주에 도달할 때까지 동물에서 동물로 이동하는 기나긴 여행의 첫 단계이다.

기생은 진화하는 동안 지속적으로 변형되는 날개나 발뼈와 같은 단일 특성이 아니다. 특정 목적을 달성하려는 생활 방식으로, 거의 모든 생물군이 선택할 수 있다. 기생은 균류와 식물군, 그리고 대부분의 동물군에서 독립적으로 진화했다. 몇몇 생물은 먼 조상으로부터 현재 형태로 진화하는 동안 기생 생활 방식을 터득했다. 조충류와 같은 생물군은 기생 생활로 큰 성공을 거둬 수백만 년간 존속했다. 길고 긴 진화의 역사를 거치며, 조충류는 각 종이 지닌 크고 작은 차이점들을 다양화했다.

각 조충 종은 독특한 적응 형태로 구분된다. 조충은 길이 1밀리미터도 되지 않는 미세한 종부터 대왕고래를 감염시키는 30미

---

2 육구유충은 조충의 유충으로 갈고리 6개를 지닌 채 알에서 부화하는 덕분에 중간숙주의 내장 조직을 찢을 수 있다.

터가 넘는 거대한 종까지 크기가 다양하다. 조충 종 사이에 발견되는 차이점은 미미한데, 이를테면 두절에 달린 갈고리 개수에 차이가 있거나, DNA 염기 서열 분석을 통해서만 확인할 수 있는 몇 개의 변이 유전자 차이가 있다. 조충의 유전체 크기는 먼 친척인 주혈흡충의 약 3분의 1로 비교적 작다. 조충은 유전자 수가 상대적으로 적지만 뛰어난 적응력을 타고난 덕에 수많은 다양한 숙주에 적응하도록 진화했다.

과학자는 각 조충 종이 진화 과정에서 획득한 유전적, 형태적 변화를 취합한다. 그렇게 취합한 변화를 재구성하여 계통발생phylogeny[3]을 수립한다. 족보는 한 사람의 역사를 수백 년 전까지 되짚어가지만, 계통발생은 생물종 전체의 역사를 수백만 년 전까지 거슬러 올라간다. 계통발생을 알면 유전자나 신체 특징 등 미세한 변화를 근거로 공통 혈통을 파악해 계통도를 그릴 수 있다. 이러한 방식으로 과학자들은 조충의 길고 복잡한 역사를 밝히기 시작했다.

현재 스미스소니언Smithsonian 국립자연사박물관에 소장된 미국 국가기생충컬렉션United States National Parasite Collection은 세계에서 가장 방대한 기생충 수집물로 표본 2,000만여 점을 아우른다. 기생충은 무척 다양해서 기생충학자가 이전에 간과된 숙주 집단을 탐구하거나, 미지의 지역으로 탐사를 떠나거나, 감염된 동

---

3 생물 집단이 공유하는 혈통의 역사에 기초하여 그들의 진화를 설명한다.

물의 조직 시료를 관찰할 때면, 알려지지 않은 종이 발견되곤 한다. 미국 국가기생충컬렉션은 씨앗은행seed bank과 마찬가지로 알려진 모든 종류의 기생충 표본과 정보를 보관하기 위해 설립되었다. 이 컬렉션은 기생충의 물리학적, 유전학적, 생태학적 정보를 모아두는 거대한 도서관 역할을 한다. 따라서 기생충의 역사, 광범위한 지역의 지점들을 연결하는 기생충의 독특한 생태학적 역할, 인간과 다른 동물이 걸리는 질병의 이로움과 잠재적 위험성을 이해하는 과정에 중요한 참고 자료가 된다.

에릭 호버그Eric Hoberg는 1990년대 초 미국 국가기생충컬렉션 업무에 처음 참여하고, 기생충컬렉션이 메릴랜드주 벨츠빌에 자리한 농업연구청 소속 연구 시설에 보관되어 있던 시절 이를 관리하는 수석 큐레이터로 일했다. 호버그는 바닷새 생태 연구로 과학자 경력을 시작했다. 그런데 연구 과정에서 바닷새에 서식하는 기생충을 모으기 시작하며 진화와 생물지리학 연구에도 발을 들였다. 기생충의 다양성과 진화를 탐구하던 그는 마침내 펭귄과 앨버트로스albatross, 바다제비petrel와 갈매기를 비롯한 조류 약 325종으로 연구의 폭을 넓혔다. 바닷새 대부분은 기생충 연구가 체계적으로 진행된 적이 없었다. 호버그는 새의 깃털과 피부에서 벼룩과 진드기 같은 외부기생물을 발견했을 뿐만 아니라, 새의 내부 또한 선충류와 흡충류, 다양한 조충류가 사는 무궁무진한 보물 창고라는 점을 알아냈다. 그는 일부 새에서 따개비barnacle의 먼 친척으로 오구설충pentastome 또는 설형충tongue worm[4]이라 불리는 보기 드문 기생충도 찾아냈다.

호버그는 바닷새에 기생하는 조충류를 집중적으로 연구해서 세계적인 조충 전문가가 되었다. 바닷새에 기생하는 조충은 특정 요인, 이를테면 새 둥지로부터 먹이를 구하는 바다까지의 거리 등으로 결정되는 독특한 생활 방식을 보인다. 조충은 먼바다에서 일생을 보내는 원양 바닷새에 기생하는 데 적응했다. 조충의 생활사는 복잡하며 이따금 둘 이상의 중간숙주가 관여한다. 예컨대 특정 조충의 알을 작은 갑각류가 삼키면 물고기가 그 갑각류를 잡아먹고, 마지막에 바닷새가 그 물고기를 먹어 치운다. 이 같은 조충의 구체적인 생활사는 아직 어렴풋이 알려져 있을 뿐이다.

지난 세기에 생물학자들은 대부분 기생충과 숙주가 공분화cospeciation라는 과정을 통해 발맞춰 진화한다는 생각을 지지했다. 공분화는 한 생물 개체군이 다른 생물과 협력하며 시간 흐름에 따라 어떻게 변화하는지 설명한다. 숙주 개체군이 고립되면 숙주에 기생하는 기생충 또한 고립된다. 그런데 고립된 숙주 개체군이 유전적 부동genetic drift[5]이나 선택을 거친 뒤 마침내 새로운 종을 탄생시키면, 기생충 또한 새로운 종을 탄생시킬 것이다. 숙주 종의 계통발생학적 역사가 그려지면, 그 역사가 대강 반영된

---

4 기생성 갑각류의 한 집단으로 척추동물을 감염시킨다. 이들은 열대 지역에서 가장 흔히 발견된다.
5 개체군 내의 한 세대에서 다음 세대로 대립유전자가 유전될 빈도의 변화가 무작위적으로 일어나는 현상을 말한다 — 옮긴이주.

기생충의 계통발생학적 역사도 그려질 것이다. 연구 초기에는 기생충이 숙주를 빈번히 바꾸지 않는다고 알려진 까닭에, 숙주와 기생충의 진화를 나란히 추적할 수 있다는 생각이 더할 나위 없이 타당해 보였다.

1980년대에 호버그는 바닷새와 바닷새에 기생하는 조충의 진화 사이에 어떤 관계가 있는지 분석하고, 수수께끼 같은 문제에 직면했다. 바닷새와 조충은 서로 발맞춰 진화하지 않은 것이 분명했다. 조충은 바닷새 숙주보다 진화의 역사가 굉장히 긴데, 공룡이 등장한 시기보다도 훨씬 오래전인 3억 년 전에 발생한 고대 생물군이기 때문이다. 모든 새는 약 1억 5,000만 년 전에 깃털 달린 작은 공룡에서 진화했다. 새 병에 담긴 오래된 포도주처럼, 조충은 바닷새 숙주보다 월등히 나이가 많았다. 그렇다면 조충은 새가 없던 시절에는 누구를 숙주로 삼았을까?

3억 년 전 대륙은 판게아Pangaea라는 하나의 거대한 땅덩어리로 묶여 있었다. 이 시기에 광활한 늪지대는 숲으로 변화하고, 파충류는 물에 의존해 번식하는 습성에서 벗어나 육지에서 다양하게 분화되었다. 조충은 처음에는 바다와 수중 환경에서 수생 포식자를 감염시키기 시작했으며, 짐작건대 조충의 유충은 오늘날에도 여전히 발견되는 실러캔스의 선조에게 먹혔을 것이다. 어쩌면 메갈로돈이 조충의 유충을 먹었을지도 모른다. 고유숙주가 누구였든 간에 일단 먹히면, 조충의 유충 가운데 일부는 포식자의 장에서 간신히 살아남았다. 여러 세대에 걸쳐 이러한 생활 방식이 생존에 유리하다고 판명되자, 조충은 숙주와의 관계를 유지했다. 파충류가 다양해진 뒤에는 육식 파충류인 모사사우루스mosasaurs와 중생대[6] 바다를 지배한 해양 파충류인 긴목수장룡long-necked plesiosaurs을 숙주로 삼았을 것이다.

조충은 다른 거대한 동물들의 머리 위를 날아다니는 익룡에게 삼켜져 하늘로 올라갔을 것이다. 가장 근래에 일어난 소행성 충돌로 바다가 산성화[7]되며 바다 공룡이 질식사하고, 익룡이 멸종하기 시작해 모든 동물 종 가운데 4분의 3이 사라졌을 때도 조충은 멸종하지 않았다. 일부 조충은 강인한 생존자들, 즉 현대 바닷새의 선조로 숙주를 갈아탄 덕분에 재앙에 맞서 살아남은 듯 보였다. 이는 호버그가 조충과 숙주의 계통발생을 비교하자 분명해졌다. 조충은 공분화 모델이 예측한 것처럼 숙주와 발맞춰 진화하는 대신에, 바닷새와 새로운 숙주 관계를 형성했다.

호버그는 바다오리과Alcidae에 속하는 특정 바닷새 집단을 연구했으며, 바다오리과에는 퍼핀puffin, 작은바다쇠오리auklet, 알락쇠오리murrelet, 바다오리guillemot, 각시바다쇠오리dovekie, 바다쇠오리auk가 포함된다. 검고 하얀 턱시도를 입은 바다오리는 몸집이 작은 펭귄처럼 깜찍하고 발랄하지만, 바다오리와 펭귄은 그다지 밀접하게 관련되어 있지 않다. 바다오리는 욕조에 띄우는

---

6 지구 역사에서 2억 5,200만 년 전부터 6,600만 년 전까지 지속된 시기로 파충류 시대라고도 불리며 트라이아스기, 쥐라기, 백악기를 포함한다.

7 물이 이산화탄소나 이산화황 같은 물질과 반응해 pH를 낮추는 화학 작용이다.

장난감처럼 물속에서 날갯짓해 추진력을 받으며 발로 방향을 조정한다. 그리고 바다에서 물고기와 작은 크릴새우를 먹으며 대부분의 시간을 보낸다. 육지로는 오로지 번식할 때만 온다. 바다오리는 갈매기와 먼 친척 관계이며, 이는 바다가 비교적 따뜻했고 고래의 선조가 살았던 3,500만 년 전 에오세Eocene[8] 이후의 화석 기록으로 확인된다. 바다오리 대부분은 몸무게가 약 80그램에서 1킬로그램이 조금 넘는 작은 새다. 몸무게가 5킬로그램에 달하며 근대까지 생존했던 큰바다쇠오리great auk는 북대서양에서 물고기와 작은 무척추동물을 찾아 헤맸다. 식품, 물고기 미끼, 베개 및 이불 충전재, 옷 장식 등으로 귀하게 쓰였던 큰바다쇠오리는 1600년대에 들어 유럽에서 개체 수가 급격히 감소했다. 마지막 큰바다쇠오리 두 마리는 1844년 아이슬란드 해안에서 사냥당했다.

바다오리는 대개 북반구 해안 근처에 산다. 특히 유라시아와 아메리카 대륙을 가르는 해협의 남쪽이자 태평양 최북단에 자리한 베링해 주변에서 흔히 발견된다. 베링해는 수심이 비교적 얕아서, 육지 생물이 지구의 한 지역에서 다른 지역으로 이동하며 여기저기 흩어지거나 한쪽에 고립되게 만든 통로로 널리 알려져 있다. 기후가 요동치던 시기에 한랭기가 도래하고 해수면이 낮아지자, 베링해는 코끼리, 사자, 곰, 밭쥐vole가 아프리카와 아시아에

---

8 지구 역사에서 약 5,600만 년 전부터 3,400만 년 전까지의 시대를 가리킨다.

서 아메리카로, 낙타와 말이 아메리카에서 아프리카와 아시아로 이동하도록 돕는 육교 역할을 했다. 이와 관련해 가장 유명한 사건은 약 30,000년 전 베링육교가 사람들이 아메리카 대륙에 처음으로 도달할 수 있도록 길을 제공한 것이다.

호버그는 기후변화로 해수면이 변화하자, 베링해라는 실험실에서 바다 기생충과 숙주를 대상으로 진화 실험이 진행되었음을 깨달았다. 한랭기에 빙하가 전 세계로 확장하면서 민물이 줄어들고 대륙붕이 노출될 때마다 베링해는 북태평양과 북극해로부터 단절되었다. 이러한 과정은 20여 회 반복되었고, 그때마다 바다 동물군은 고립되었다가 빙하가 녹아 해수면이 상승하면서 널리 퍼져나갔다. 이처럼 동물군의 확산과 고립이 반복된 결과, 조충을 비롯한 기생충은 바다오리뿐만 아니라 바다표범seal, 바다사자sea lion, 바다코끼리walrus 등 기각류pinniped의 몸에서 생활사를 형성했다.

호버그의 연구는 먼 과거 일들이 현재의 기생충-숙주 관계를 어떻게 형성했는지 밝힌다. 그는 다른 숙주에 기생하는 조충을 조사하면서 인간을 감염시키는 가장 흔한 두 가지 조충, 즉 유구조충(돼지조충)Taenia solium과 무구조충(쇠고기조충)Taenia saginata의 기원을 이해하기 시작했다. 오늘날 인간은 두 조충의 고유숙주이며 유구조충은 돼지를, 무구조충은 소를 중간숙주로 삼는다. 돼지는 감염된 인간의 대변에 오염된 흙이나 풀을 접촉하면서 유구조충 알에 감염된다. 유구조충의 유충은 돼지에서 장을 거쳐 근육으로 이동해 감염성 포낭cyst[9]으로 발달한다. 사람이 익히지 않은 돼지고기를 섭취하면, 포낭에서 빠져나온 유충이 장으로 이동한다. 조충의 유충은 돼지고기를 충분히 익히면 사멸하므로, 날고기나 덜 익힌 고기를 먹을 때 조충에 감염될 확률이 가장 높다. 그런데도 전 세계에서 약 5,000만 명이 유구조충 또는 무구조충에 감염되었다.

유구조충은 알이나 유충을 섭취해도 감염된다는 점에서 방심할 수 없다. 전 세계에서 매년 약 50,000명이 유구조충의 유충이 몸 이곳저곳으로 옮겨 다니며 뇌를 포함한 온갖 장기에 유충 포낭을 형성한 결과 낭미충증cysticercosis[10]에 걸린다. 유구조충은 인간이 중간숙주와 고유숙주 역할을 모두 하는 까닭에 감염된 인간의 체내에서 자가 감염이 일어나 무수한 유충이 뇌와 여러 장기로 침투할 수 있으므로, 특히 인간에게 위험하다. 유구조충 감염은 오늘날 사람들에게 지연발현 뇌전증late onset epilepsy을 일으키는 주요 원인 가운데 하나다. 반면 무구조충은 유구조충보다 병원성이 훨씬 약하며 대개 인간 숙주의 장기에서 포낭을 형성하지 않는다고 알려져 있지만, 장에서 수년간 계속 살아남아 발달하고 번식할 수 있다.

---

9 원생동물 또는 하등한 후생동물이 몸의 표면에서 분비한 견고한 막으로 자신을 감싼 채 일시적 휴지기에 들어간 상태 — 옮긴이주.
10 낭미충은 몇몇 조충의 유충 또는 미성숙충을 가리킨다. 낭미충증은 이 유충에 감염되면 발생하는 질병이다.

1990년대 후반 호버그와 동료들은 치명적인 유구조충과 무구조충의 진화 역사를 분석했다. 오래된 가설에 따르면 가축화된 돼지와 소는 본래 유구조충과 무구조충의 고유숙주였고, 두 조충과 인간과의 관계는 축산의 기원과 관계가 있었다. 그러나 호버그는 조충이 돼지와 소가 가축화되기 훨씬 오래전부터 존재했으므로 야생동물을 숙주로 삼았을 가능성이 크다는 점을 알아차렸다. 기생충의 계통학적 역사는 고유숙주에 얽힌 이야기를 들려주며, 때로는 감염 사슬에 포함된 다른 숙주도 가르쳐준다. 이 수수께끼의 감염 사슬은 조충과 그들의 후손뿐만 아니라 당시 주위에 있었던 다른 생물들, 이를테면 풀을 뜯다가 우연히 조충 알을 삼킨 초식동물, 초식동물 숙주를 사냥한 포식자, 심지어 사냥당한 초식동물 사체를 섭취한 청소동물 군집까지 포함한다. 조충의 감염 사슬은 짐작건대 현대 인류의 초기 사람족hominin 선조도 포함할 것이다.

최근 연구에 따르면, 무구조충의 선조는 200만여 년 전 아프리카에서 하이에나와 야생 개에 기생했다. 호모 에렉투스*Homo erectus*와 같은 인류의 선조는 사자가 사냥한 하이에나와 야생 개의 사체를 먹거나 뒤지던 중 조충에 감염되었을 것이다. 시간이 흐른 뒤 조충은 인간 숙주에 적응했고, 그 후 인간은 가축화된 소에게 우연히 조충을 옮겼을 것이다. 사람과(科)hominid 영장류가 아프리카에서 유라시아로 영역을 확장했을 때, 유구조충에게도 같은 사건이 발생했을 수 있다. 곰 사체를 먹은 호모 에렉투스가

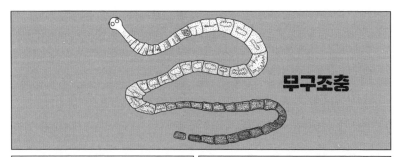

무구조충

알이 인간의 대변에 섞여 배출된다.

소가 오염된 풀을 먹는다.

알이 소의 체내에서 부화한다. 유충이 장을 뚫고 근육으로 침투해 포낭을 형성한다.

인간이 덜 익힌 쇠고기를 섭취하면서 포낭을 삼킨다.

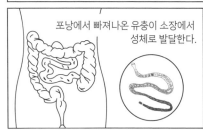

포낭에서 빠져나온 유충이 소장에서 성체로 발달한다.

알이 인간의 대변에 섞여 배출된다.

그림5. 무구조충의 생활사

조충을 삼키고, 마침내 조충은 인간을 고유숙주로 선택했을 것이다. 이후 인간은 조충을 가축화된 돼지에게 전파했다. 이러한 시나리오에서 초기 인류는 돼지와 소가 아닌 야생 육식동물 사체를 먹다가 조충을 삼켰고, 그로부터 오랜 시간이 흐른 뒤 가축화된 동물에게 조충을 전염시켰다.

조충은 공분화 개념에서 설명한 것처럼 숙주와 서로 발맞춰 진화하지 않았으며, 대부분의 기생충 또한 마찬가지일 것이다. 조충은 잘못된 판단으로 손해를 보고도 한참 동안 그 판단에 집착하는 얼간이가 아니다. 오히려 쉴 틈 없이 기회를 노리다가 때가 되면 새로운 숙주로 갈아탄다. 모든 기생충은 처음에는 숙주 종에 단단히 묶여 있는 듯 보이며 생태학적, 진화적 보수성을 보이다가도, 생태 변화에 직면하면 새로운 기회를 개척하는 놀라운 능력을 발휘한다.

지구상의 생명체 분포는 대부분 기후변화가 초래한 일시적 확산과 고립 과정을 거쳐 형성되었으며, 지금도 그 상태가 이어지고 있다. 호버그와 동료들의 연구는 조충과 새와 인간이 얽히고설킨 이야기를 풍성하게 만들었고, 기생충의 진화를 추적하면 환경 변화가 가속화되는 시기에 생물 다양성을 결정짓는 요인에 관한 새로운 통찰을 얻을 수 있음을 보여준다.

7장.
고래와 기생충

이스라엘인 요나Jonah는 사흘간 고래 배 속에 있다가 내뱉어져 마른 땅으로 돌아왔다. 쉽지 않았을 것이다. 향고래sperm whale는 보통 수많은 다른 손님도 초대하므로, 요나는 홀로 시간을 보내지 않았을 것이다. 요나가 고래의 장에서 처음 만난 생물은 몸집이 비교적 작은 선충 수만 마리였을 것이다. 나중에는 장 속에 숨어 있던 테트라고노포루스 칼립토케팔루스*Tetragonoporus calyptocephalus*라는 이름의 길이 30미터짜리 조충과 우연히 마주쳤을지도 모른다. 요나와 조충은 흥미로운 시간을 보냈으리라 예상되는데, 이를테면 고래 숙주가 물고기나 오징어 같은 맛있는 먹이를 찾으러 수심 1,000미터 아래로 잠수하는 상황을 견뎠을 것이다. 고래가 한 시간 반 동안 숨을 참아서 자동차만 한 폐가 납작한 풍선처럼 찌그러져 있는 동안, 요나는 숨을 헐떡였을 것이다. 반면 조충은 산소가 거의 필요하지 않기 때문에 그럭저럭 괜찮았을 것이다. 요나는 사흘 만에 가까스로 탈출했지만, 조충은 고래 배 속에서 평생을 살며 수백만 킬로미터를 여행했을 것이다. 조충은 생물학적 요인으로 수명이 결정되지 않으므로, 숙주가 생존하는 한 함께 생존할 수 있다.

요나는 고래의 장 속에서 정말 사흘간 생존할 수 있었을까? 향고래는 아래턱에만 이빨이 40~50개 돋고, 위턱에는 일반적으로 돌출된 이빨이 없다. 또한 상어나 물고기 같은 커다란 먹이를 통째로 삼키기 때문에, 요나가 향고래 배 속으로 들어가는 일은 전적으로 가능하다. 생존 과제는 산소가 거의 없는 조건에서 고래의 위를 구성하는 방 4개를 어떻게 통과하는가다. 조충은 작은 유충 단계에서 고래 배에 들어가 발달을 멈춘 채 위를 통과하는 방식으로 과제를 달성한다. 조충의 유충은 소화 효소를 억제하고 숙주의 국소 면역 반응을 차단하는 단백질을 분비하거나, 작은 포낭 같은 거품에 둘러싸여 있다. 또는 고래의 장 내층의 점막을 모방할 때면, 숙주는 조충의 유충을 침입자가 아닌 자신의 일부로 착각한다. 즉, 요나는 어린 조충으로 위장하는 쪽이 더 나았을 것이다.

조충이 고래의 소장에 마침내 도달하면, 고래가 갑자기 물 밖으로 솟구쳤다가 수영장 10개를 비울 만한 힘으로 수면에 부딪히더라도 고래 몸 밖으로 밀려나지 않을 정도로 단단히 두절을

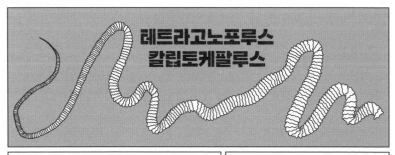

조충 말단의 편절이 고래 똥에 섞여 배출된다.

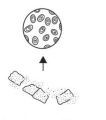

알 수백만 개가 방출된다.

동물성 플랑크톤이
알을 먹는다.
알이 유충으로 발달한다.

물고기가 동물성 플랑크톤을 먹는다.
유충이 물고기 체내에 산다.

고래가 유충을 지닌
물고기를 먹는다.

유충이 고래의 장으로 이동해
성체로 발달한다.

조충의 편절이
고래 똥에 섞여 배출된다.

그림6. 테트라고노포루스 칼립토케팔루스의 생활사

소장에 고정한다. 조충은 머리 끝부분이 한 마디씩 더해지며 점점 더 길어지는 식으로 평생 발달한다. 그 결과 작은 아코디언이 무수히 배열된 형태로 수축과 이완을 반복하는 부위인 편절 수천 개를 갖게 된다. 각각의 편절은 자웅동체hermaphrodite로, 자웅동체라는 명칭은 신 헤르메스Hermes와 아프로디테Aphrodite의 자손인 헤르마프로디토스Hermaphroditus에서 유래했다. 신화 속 헤르마프로디토스처럼, 각 편절은 암컷과 수컷의 생식 기관을 모두 지니며 제각기 알과 정자를 생성한다. 조충은 짝짓기하고 수정란을 낳기 위해 모든 방법을 총동원하는데, 이는 숙주 몸속에 다른 조충 개체가 언제 나타날지 확신할 수 없기 때문이다. 조충 두 마리가 만날 기회가 생기면 짝을 이루어 상대방 편절에 교차 수정해 유성생식하고, 그렇지 않으면 조충 한 마리가 홀로 자가수정을 반복한다.

결국 조충 몸의 끝부분에서 떨어져 나온 편절은 고래 똥에 섞여 배출된다. 고래조충은 믿기지 않을 만큼 많은 알을 낳는데, 한 마리가 평생 수십억 개를 낳는다. 그런데 고래조충이 광활한 바다에서 맞서야 할 혹독한 환경을 생각하면, 수십억이라는 숫자도 작게 느껴진다. 숙주 갈아타기라는 기발한 여행을 시작해서 알이 동물성 플라크톤 같은 첫 번째 중간숙주에서 한 마리 이상의 물고기로 옮겨 다니다가 마침내 고래에 도달하고 성체가 되어 수많은 알을 낳으면, 조충의 삶은 대성공을 거둔다.

물고기와 무척추동물을 먹고 사는 이빨고래toothed whale

76종과 크릴새우처럼 작은 동물을 먹고 사는 수염고래baleen whale 15종이 알려져 있다. 대형 동물은 다른 동물의 접근을 막는 데 유리하다고 생각할지 모르겠으나, 이처럼 어마어마하게 큰 포유류는 그렇지 않다. 고래는 모든 종류의 기생충을 끌어당기는 자석이다. 따개비는 관 끝의 작은 구멍으로 고래 피부를 빨아들여 달라붙으며, 고래 한 마리에는 따개비 수천 마리가 20~30년간 살 수 있다. 기생 물고기인 칠성장어sea lamprey는 빨판 역할을 하는 입으로 고래에 몸을 고정한 다음 고래 피부에 상처를 내고 피를 빨아먹는다. 고래 이Whale louse는 다른 이louse처럼 곤충이 아니라, 고래의 상처에 달라붙어 벗겨진 피부를 긁어 먹는 작은 갑각류로 분류상 단각목에 속한다. 이들 기생충으로는 부족하다는 듯, 남방큰재갈매기kelp gull는 남방긴수염고래southern right whale가 숨을 쉬기 위해 수면 위로 떠 오르면 고래의 등을 열심히 쪼아댄다. 어린 남방긴수염고래는 물속으로 등을 숨겨 갈매기를 피하는 법을 익히느라 안간힘을 쓴다. 이들은 고래가 거대한 몸 바깥쪽에서 상대해야 하는 극성맞은 동물들 중 일부에 불과하다.

요나는 향고래 배 속에서 선충류와도 분명 마주칠 것이다. 선충류는 짐작건대 지구상에서 가장 흔한 다세포동물이다. 전체 선충류 중 절반은 자유 생활을 하고, 나머지는 거의 모든 유형의 동물과 식물에 기생한다. 선충류는 바다에 놀랄 만큼 흔하다. 1970년대에 영국 자연사박물관 동물학 부서 소속 선충학자 P. 존 램스헤드P. John Lambshead는 바다 선충류의 종 다양성, 다시 말해 바다에 서식하는 선충류 종의 수를 측정했다. 근대에 앨프리드 러셀 월리스Alfred Russel Wallace가 말레이 제도에서 새로운 종을 찾았듯이, 램스헤드는 북태평양 전역을 탐사했다. 램스헤드는 새로운 선충류 종을 찾기 위해 해저 퇴적물에서 정기적으로 코어 시료core sample[1]를 채취했고, 이 과정에서 바다의 생물학적 다양성 개념을 재정립했다. 그는 비교적 생물이 살지 않는 서식지인 심해저 평원에서 채취한 코어 시료에서도 평방미터당 10만 마리가 넘는 선충류를 발견했다. 가장 놀라운 사실은 거의 모든 코어 시료마다 완전히 다른 선충류 종이 있었다는 점이다. 이러한 결과를 근거로 램스헤드는 지구상에 선충류가 100만 종 넘게 존재한다고 추정했다.

1950년대에 일본과 러시아 사이에 줄지어 분포한 섬들인 쿠릴 열도Kuril Islands에서 임신한 암컷 향고래가 발견되었다. 고래 태반 안에는 8.4미터로 세계에서 가장 긴 선충인 플라켄토네마 기간티시마*Placentonema gigantissima*가 있었다. 성체 기린만큼이나 키가 크고, 바

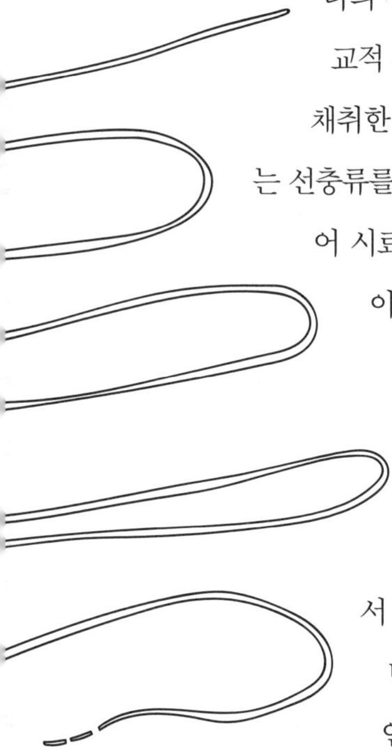

그림 G.26.
플라켄토네마
기간티시마

---

1 토양을 깊숙이 파고들어 긴 원통형 모양으로 얻은 시료 — 옮긴이주.

겉층 각피가 두껍고, 단순한 근육 몇 개로 구성되었으며, 작은 입이 기다란 장과 항문으로 이어지는 기생충을 상상해 보자. 이 기생충은 동물 고유의 형태학적 특징을 지니지 않는다. 호흡계도 순환계도 없고, 소화기에는 먹이가 몸 안팎으로 드나드는 데 필요한 근육도 거의 없다. 일부 선충류는 가혹한 환경, 즉 극심한 더위나 추위, 건조함에 맞서 생존하기 위해 생물학적 과정을 중단했다가 상황이 나아지면 다시 살아날 수 있다. 밝혀진 바에 따르면, 선충류는 몸 구조가 단순한 덕분에 거의 모든 서식지에 유연하게 적응할 수 있다. 남극의 메마른 계곡에서 살아남을 수 있고, 바싹 건조된 뒤 바람을 타고 대기의 가장 높은 지점까지 날아갈 수도 있다.

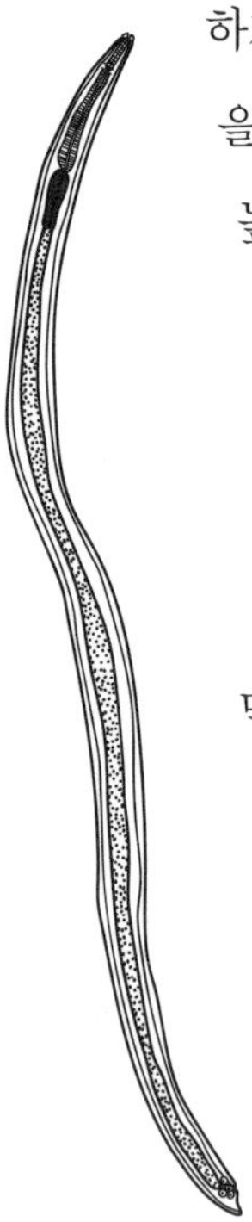

기생성 선충류는 적수가 없어 보이지만, 생존 경쟁을 위해 숙주를 갈아타며 알에서 성체로 발달하는 능력을 보인다. 바다 포유류에서 흔히 발견되는 고래회충*Anisakis simplex*과 같은 선충류는 바다의 먹이그물을 따라 긴 여정을 떠난다. 고래회충의 알은 크릴새우나 요각류copepods처럼 작은 동물성 플랑크톤에게 먹힌 뒤 부화하여 숙주 안에서 포낭을 형성한다. 동물성 플랑크톤이 물고기나 오징어에게 잡아먹히면, 고래 회충의 유약충은 새로운 숙주의 장을 파고 들어가 조직을 보호하는 거품에 둘러싸여 포낭을 형성한다. 이러한 과정은

그림 G.1. 고래회충

선충 포낭을 지닌 물고기를 다른 물고기가 잡아먹을 때 거듭 발생할 수 있다. 선충류는 감염된 물고기가 다른 물고기에게 잡아먹힐 때마다 다시 활성화되어 새로운 숙주의 장 바깥쪽으로 이동한 다음 다시 포낭을 형성한다. 결국 고래나 다른 바다 포유류는 감염된 물고기를 다량 섭취하게 된다. 선충류는 고유숙주의 장에 들어가면 포낭에서 빠져나와 몸의 앞쪽 말단으로 위벽을 파고 들어 먹이를 먹고, 발달하고, 짝짓기한 뒤 알을 낳으며, 선충류의 알은 숙주의 똥과 함께 바다로 배출된다. 수염고래는 동물성 플랑크톤을 먹고 이따금 직접 감염된다. 아니사키스 브레비스피쿨라타*Anisakis brevispiculata*라는 선충 종은 동물성 플랑크톤부터 생물발광[2] 능력이 있는 샛비늘치lantern fish, 꼬마향고래dwarf sperm whale, 쇠향고래pygmy sperm whale로 옮겨 다니며 바다 생태계를 여행한다. 인간은 일반적으로 고래회충속*Anisakis*의 숙주는 아니지만, 회나 덜 익힌 생선을 먹으면 위험한 반응이 나타날 수 있다. 어떤 사람은 알레르기 반응을 겪고, 다른 어떤 사람은 위로 파고드는 고래회충속 때문에 궤양에 걸린다. 초밥을 좋아하는 사람들은 대개 고래회충속에 감염된다.

선충은 바다 포유류에 온갖 문제를 일으킨다. 선충 크라시카우다 보오피스*Crassicauda boopis*는 참고래fin whale를 비롯한 다양한

---

2 살아 있는 생물에서 일어나는 현상으로, 유기 분자를 사용해 화학 에너지를 빛으로 전환한다.

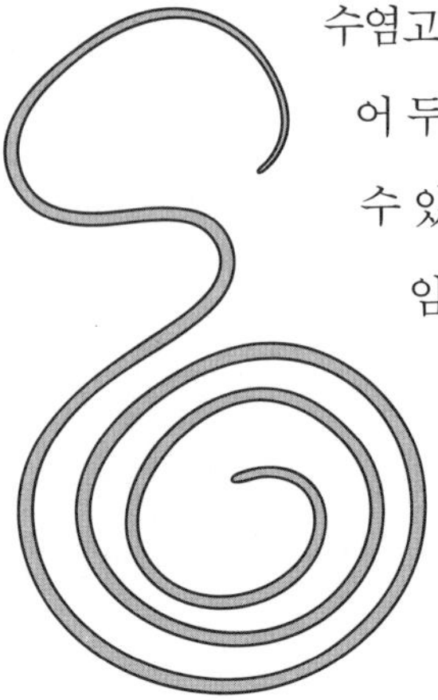

수염고래류에서 산다. 참고래는 대왕고래에 이어 두 번째로 거대한 동물이며 140년까지 살 수 있지만, 이들 몸에 사는 선충류 성체가 끊임없이 문제를 일으킨다. 선충류는 신발끈과 비슷하게 생긴 몸으로 신장에 공급되는 혈액을 막아 신부전을 유발한다. 선충류 성체는 어미 젖을 먹는 새끼 참고래의 신장에서도 발견되며, 이는 선충이 태반을 거쳐 또는 젖에 섞여 새끼 고래로 이동할 수 있음을 암시

그림 G.5.
크라시카우다 보오피스

한다. 그런데 어미 고래의 태반이나 유방 조직에서 선충이 발견된 사례는 아직 없으므로, 새끼 고래가 어떻게 감염되는지는 여전히 베일에 싸여 있다.

고래는 약 5,000만 년 전 지구가 따뜻해지고, 이산화탄소가 과잉 방출되며, 극지방에 얼음이 거의 또는 전혀 없었을 때, 바다로 갔다. 육지 포유류에서 유래한 고래는 오늘날의 하마와 공통 조상을 갖는다. 무엇이 고래의 선조를 바다로 가게 했는지는 밝혀지지 않았으나, 그 과정은 매우 점진적으로 진행되었다. 그래서 수백만 년이 지난 뒤에야 고래는 바다 환경에 완벽히 적응해 더는 육지에서 생존할 수 없게 되었다. 일부 과학자는 기생충이 숙주와 발맞춰 진화한다고 오랜 기간 믿었으므로, 고래가 육지에서 바다로 이동하던 당시의 기생충을 추적할 수 있으리라 기대했다.

하지만 기생충과 숙주가 발맞춰 진화한다는 개념이 틀렸거나, 또는 고래가 바다로 이동하던 중 특별한 사건이 발생한 까닭에, 그 상황을 견딘 기생충은 알려지지 않았다. 오늘날 살아 있는 고래에서 발견되는 기생충은 육지 포유류의 내·외부기생충과 최근의 공통 조상을 갖지 않는다.

인간은 수백 년간 고래를 사냥했다. 1986년에 국제포경위원회International Whaling Commission가 상업적 포경을 금지했지만, 많은 나라가 허술한 감시를 틈타 여전히 고래를 사냥한다. 고래는 독성 물질 또는 오염물에 노출되거나, 선박과 충돌하거나, 낚시 그물에 걸리거나, 수중 음파 탐지기의 영향으로 방향 감각을 잃거나, 굶주리는 등 인간 행동 탓에 끊임없이 목숨을 잃는다. 매년 수천 마리가 육지로 떠밀려오고, 대부분 얼마 지나지 않아 죽는다. 일반적으로 향고래, 거두고래pilot whale, 범고래killer whale, 쇠돌고래harbor porpoises 등 이빨고래류가 많지만, 수염고래류도 해변으로 밀려온다. 예상할 수 있듯이 해변으로 밀려온 고래들은 수많은 기생충을 지닌다. 기생충의 존재는 고래의 죽음에 대한 손쉬운 해석을 제공한다. 그런데 기생충은 해변에 밀려온 고래에는 물론 건강한 고래에도 풍부하다. 기생충은 다치거나 아픈 고래에게 병을 일으킬 수 있지만, 고래가 해변에 떠밀려 오는 현상과 어떤 교집합이 있는지는 여전히 수수께끼다.

8장.
숙주를 조종하는 기생충

1979년 영화 〈에일리언*Alien*〉에서 외계인은 심우주를 비행하던 우주선에 잠입하여 승무원 간부의 몸속에 알을 낳는다. 가장 인상적인 장면은 등장인물 존 허트John Hurt의 몸에서 '체스트버스터chestburster'가 뚫고 나오며 살아남은 대원들에게 피와 내장을 내뿜는 부분이다. 할리우드 영화 속 가장 무서운 장면에 등장하는 이 괴물은 프랜시스 베이컨Francis Bacon이 1944년 그린 그림 〈십자가 책형을 위한 세 개의 습작*Three Studies for Figures at the Base of a Crucifixion*〉에서 영감을 받아 탄생했다. 할리우드 영화에서 무시무시한 괴물이 창조되긴 했지만, 자연에서 태어나 절지동물 및 척추동물 숙주에 기생하는 구두충[1]에는 상대가 되지 않는다.

구두충thorny-headed worm 또는 acanthocephalan은 다른 기생충

을 닮지 않았다. 구두충류는 한때 독자적인 집단으로 고려되었으나, 최신 분자생물학적 근거에 따르면 머리에 달린 회전 섬모를 이용해 헤엄쳐 다니며 조류를 먹고, 크기가 작으며 어디에서나 흔히 발견되는 수생 동물인 윤형동물rotifer과 공통 조상을 갖는 것으로 추정된다. 그런데 구두충류는 윤형동물 친척들과 뚜렷하게 닮은 점이 거의 없다. 한 구두충 종은 길이 65센티미터로 테니스 라켓만 하고 소화관이 없어 체벽body wall으로 영양소를 직접 흡수한다. 가장 끔찍한 외계인조차 압도하는 구두충류는 갈고리 형태의 가시가 돋은 주둥이 덕분에 숙주의 장벽에 구멍을 내고 달라붙을 수 있다. 이러한 습성은 구두충류가 보여주는 기묘하고 놀라운 능력의 시작에 불과하다.

구두충류에서 알려진 약 1,500종은 전부 기생충이다. 구두충류에게는 중간숙주로서 구두충의 어린 배아가 발달하는 절지동물, 그리고 고유숙주인 척추동물 등 두 가지 숙주가 일반적으로 필요하다. 중간숙주(일반적으로 딱정벌레, 바퀴벌레, 갑각류)는 오염된 흙이나 먹이 또는 물에서 구두충류의 알을 섭취한다. 구두충의 유충은 중간숙주의 장에서 부화한 뒤 장벽을 뚫고 체강으로 들어가 포낭을 형성하고 감염형으로 변한다. 고유숙주로 적합한 동물은 구두충 종에 따라 다르며, 무지개송어rainbow trout, 찌르레

---

1 거의 알려지지 않은 기생충 문phylum으로, 곤봉 형태의 주둥이가 작은 갈고리로 덮인 것이 특징이다. 이 주둥이를 이용해 숙주의 장벽에 몸을 고정한다. 구두충의 몸은 관 형태로 생식 기관은 있으나 입과 내장은 없으며, 몸 표면을 통해 영양소를 흡수한다.

기starling, 라쿤raccoon, 주머니쥐opossum, 개구리, 도마뱀, 고래, 새, 사람 등이 있다. 이들 동물이 구두충에 감염된 절지동물을 먹으면, 구두충은 빠르게 발달해 주둥이로 숙주 동물의 장을 뚫고 들어가 성체가 되어 짝짓기한 뒤 알을 낳고, 구두충의 알은 숙주의 배설물에 섞여 배출된다.

2018년 프랑스에서 방영된 미스터리 드라마 시리즈 〈발타자르Balthazar〉에는 미치광이 청년이 드래곤의 숨결Dragon's Breath이라는 가루를 합성하는 이야기가 나온다. 청년이 여성 피해자들의 얼굴에 가루를 뿌리면 피해자들은 맹목적으로 청년의 지시를 따르는데, 드라마에서 한 피해자는 교각에 분홍색 끈을 매달고 자살하라는 명령을 듣는다. 이 드라마는 중간숙주의 행동을 조절하는 구두충의 타고난 치명적인 능력을 모델로 삼았을 것이다.

구두충류는 감염된 중간숙주가 포식자에게 잡아먹힐 확률을 높여서 고유숙주로 이동할 기회를 얻는 교묘한 메커니즘을 진화시켰다. 예를 들어 바퀴벌레와 고슴도치는 교활하게 정신을 통제하는 모닐리포르미스 모닐리포르미스*Moniliformis moniliformis*의 적수가 되지 않는다. 감염된 바퀴벌레는 몹시 느리게 움직이므

그림 G.19.
모닐리포르미스 모닐리포르미스

로 굶주린 고슴도치에게 쉬운 먹

잇감이 된다. 소수의 바퀴
벌레가 구두충에 감염된다
해도 그 바퀴벌레가 잡아먹힐
확률이 상승하는 까닭에, 구두충은 고슴도치 숙
주에 수월하게 접근할 수 있다. 다른 구두충 프세
우도코리노소마 콘스트릭툼*Pseudocorynosoma constrictum*은 중간숙주가 형광 오렌지색 조끼를 입은 것
처럼 보이게 만들어, 포식자가 단번에 알아보게 한
다. 중간숙주인 단각목은 대개 투명해서 눈에 잘 띄
지 않지만, 구두충 유충이 체내에 들어오면 형광 오렌지색으로
변하며 등불처럼 빛나기 때문에 오리나 다른 포식자에게 잡아먹
힐 확률이 증가한다.

구두충이 다음 숙주로 이동하는 능력을 강화하는 방법은 중
간숙주를 명확히 눈에 띄게 하는 것과 움직임을 느리게 만드는
것, 두 가지뿐이다. 유럽과 북아메리카 전역의 연못, 호수, 개울에
서식하는 작은 수생 단각목은 새와 물고기와 몇몇 곤충의 먹이
가 된다. 감마루스 라쿠스트리스*Gammarus lacustris*라는 작은 단각
목은 구두충 폴리모르푸스 미누투스*Polymorphus minutus*에 쉽게 감
염된다. 구두충 감염에 따른 변화는 광범위하다. 감염된 단각목은
색이 연해지고, 빛을 향해 움직이고, 중력에 저항하면서 오리를
비롯한 새의 먹이가 될 가능성이 큰 물기둥 꼭대기에서 긴 시간

을 보낸다. 과학자들은 구두충 감염

에 따른 변화가 토종

단각목인 폴리

모르푸스 미누투스

에게만 나타나는지 의문을 품었는

데, 최근 유입된 종이자 침입종으로 여겨지는 단각목도 그와 같은

행동 변화를 보인다는 점이 밝혀졌다.

콜로라도주립대학교 소속 기생충학자 제니스 무어Janice
Moore는 구두충이 숙주의 행동을 얼마나 효과적으로 변화시키는
지 밝히고 싶었다. 자연 현장과 실험실에서 무어는 구두충 플라
기오르힌쿠스 킬린드라케우스*Plagiorhynchus cylindraceus*와 중간숙
주(등각류) 및 고유숙주(찌르레기)를 함께 조사했다. 뉴멕시코주
앨버커키 인근에서 등각류를 채집해 플라기오르힌쿠스 킬린드라
케우스의 알로 뒤덮인 당근조각과 함께 비커에 넣은 다음, 수개
월 동안 플라기오르힌쿠스 킬린드라케우스가 중간숙주에서 발
달하기를 기다렸다. 감염되지 않은 등각류도 유사한 조건에서 사
육하며 대조군으로 삼았다. 무어는 습도, 은신처, 주변 색 등 다양
한 조건에서 등각류의 움직임을 평가하고, 감염된 모든 등각류
개체는 대조군보다 조류 포식자에게 더 취약하다는 점을 발견했
다. 찌르레기를 대상으로 진행한 실험에서는 찌르레기가 감염된
등각류를 대조군보다 더 많이 잡아먹는다는 결과를 확인했다.

숙주를 조종하는 기생충은 구두충만이 아니다. 사람이 아주

플라기오르힌쿠스
킬린드라케우스

알이 새똥에 섞여 있다.

쥐며느리Pill bug가
새똥을 먹으며 알도 삼킨다.

알에서 부화한 유충이
쥐며느리 몸속에서 발달한다.

감염된 쥐며느리가 빛을 향해 달려들면,
새가 쥐며느리를 먹는다.

새의 장에서 유충이 성체로 발달한다.

알이 새똥에 섞여 배출된다.

그림7. 플라기오르힌쿠스 킬린드라케우스의 생활사

높은 기둥을 타고 올라가도록 조종해, 지나가는 고질라에게 잡아 먹히게 만드는 기생충이 있다고 상상해 보자. 고질라가 나타나지 않으면, 감염된 사람은 고질라가 올 때까지 매일 저녁 기둥 위로 올라가야 한다. 창형흡충*Dicrocoelium dendriticum*은 북미와 아시아에 서식하는 많은 포유류 종에 기생하는 기생충이다. 창형흡충은 육지 달팽이와 개미를 중간숙주로 삼는다. 창형흡충의 알이 고유 숙주의 대변에 섞여 빠져나와 달팽이에게 먹히면, 알에서 섬모유충이 부화하여 최종적으로 수천 마리의 유미유충으로 자란다. 유미유충이 달팽이 몸 밖으로 나가면서 달팽이의 외투강mantle cavity을 자극해 점액이 많이 생성되도록 촉진하면, 창형흡충으로 가득 찬 점액 덩어리가 생성된다. 이 점액 덩어리는 왕개미를 비롯한 여러 개미가 맛있게 섭취하는 간식으로 밝혀졌다. 일단 개미 몸속으로 들어가면, 일부 창형흡충은 개미의 가슴과 배로 이동하고, 일부 창형흡충은 개미의 뇌 속에서 포낭을 형성해 개미가 밤마다 기계적으로 행동하도록 조종한다. 감염된 개미는 저녁에 기온이 내려가면 풀잎 꼭대기로 올라가 아침까지 머무른다. 밤새 살아남으면, 개미는 둥지로 돌아가 정상적으로 활동하다가 저녁이 오면 풀잎을 타고 다시 올라간다. 이러한 행동을 매일 저

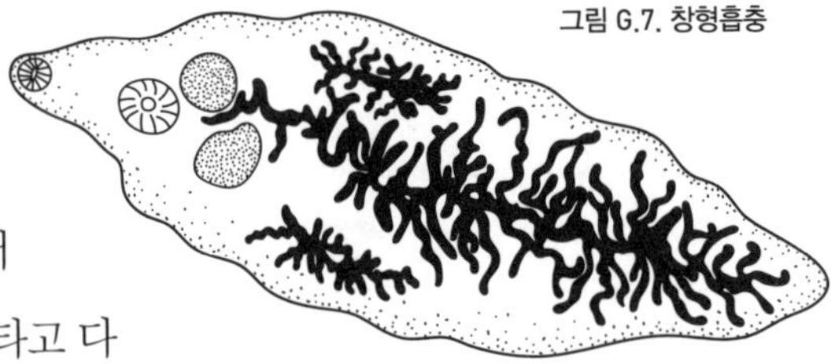

그림 G.7. 창형흡충

녁 반복하던 개미는 수상한 낌새를 눈치채지 못한 사슴이나 다른 포유류가 풀잎을 뜯어 먹을 때 삼켜지고, 창형흡충은 고유숙주를 감염시킨다.

기생충이 숙주를 얼간이처럼 보이게 만드는 방법은 무한하다. 달팽이가 흡충 레우코클로리디움 바리애*Leucochloridium variae*에 감염되면, 흡충의 유미유충은 숙주 달팽이의 눈자루를 타고 올라가 살찐 작은 애벌레처럼 몸을 부풀린다. 이 흡충은 달팽이 눈자루가 마치 디스코 음악에 맞춰 춤을 추는 듯 휘청이게 하고, 달팽이가 햇빛

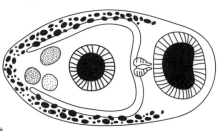

그림 G.17.
레우코클로리디움 바리애

이 비치는 곳으로 이동하도록 유도해 지나가는 조류 포식자의 관심을 끈다. 또 다른 흡충 우불리페르 암블로플리티스*Uvulifer am-bloplitis*도최선을 다하여 숙주에게 관심을 집중시킨다. 이 흡충의 유미유충은 킬리피시 숙주의 피부로 침투해 포낭을 형성하고, 킬리피시 숙주는 이에 대한 반응으로 검은 점을 생성하는 멜라닌을 분비한다. 감염으로 검은 점이 생긴 물고기는 흡충의 고유숙주인 물총새에게 더 쉽게 사냥

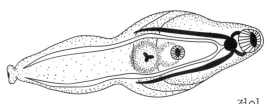

그림 G.42.
우불리페르 암블로플리티스

당한다.

숙주 조종으로 유명한 사례는 앞에서 언급한 '드래곤의 숨결' 이야기처럼 느껴진다. 유선형동물Horsehair worm은 모두 유선형동물문Nematomorpha으로 분류된다. 자유 생활하는 유선형동물 성체는 길이가 2미터에 이르고 폭이 1밀리미터 미만이어서, 긴 자수용 실처럼 보인다. 유선형동물인 파라고르디우스 트리쿠스피다투스*Paragordius tricuspidatus* 성체는 민물에서 격렬하게 짝짓기하며 고르디우스의 매듭Gordian knot을 형성하는데, 이 명칭은 2300년 전 알렉산더 대왕에게 신탁으로 주어진 유명한 매듭과 생김새가 비슷하다는 점에서 유래했다. 파라고르디우스 트리쿠스피다투스의 유충은 훌

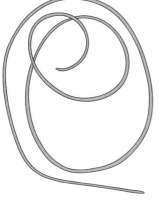

그림 G.24.
파라고르디우스 트리쿠스피다투스

륭한 숙주 조종자다. 달팽이에게 삼켜진 알에서 부화하고 유충으로 발달한 뒤, 달팽이의 모든 조직을 뚫고 들어간다. 감염된 달팽이가 수분 부족으로 죽으면, 귀뚜라미가 바싹 마른 달팽이 사체로 다가와 마치 영화관에서 팝콘을 먹는 아이들처럼 사체를 먹는다. 귀뚜라미 몸속으로 들어간 파라고르디우스 트리쿠스피다투스 유충은 귀뚜라미 배로 침투해 성체로 발달한 다음 귀뚜라미 신경계에서 유전자 발현을 변화시킨다. 감염된 귀뚜라미는 밤이면 물을

찾고, 짐작건대 수면에 반사되는 빛에 이끌려 물에 뛰어들어 대부분 익사한다. 그러면 이 유선형동물은 귀뚜라미의 몸을 빠져나와 다시 수중 생활하면서 격렬한 짝짓기를 시작한다.

기생충과 숙주 사이의 상호작용은 이따금 군비 경쟁으로 묘사되는데, 한쪽이 우위를 점하려 하면 다른 쪽이 앙갚음하는 식으로 승자가 가려질 때까지 경쟁이 지속되기 때문이다. 그리고 기생충이 숙주를 굴복시키고 때로는 목숨을 앗아가는 까닭에, 승자는 종종 기생충인 것처럼 보인다. 이는 할리우드 관점에서 바라본 생물의 관계 형성이다. 정의에 따르면 기생은 공생이 진화된 형태로 한 생물이 다른 생물에게 해를 주지만, 이것이 언제나 명확하게 구분되지는 않는다. 진화생물학자 리처드 도킨스Richard Dawkins는 지금으로부터 50여 년 전에 '확장된 표현형extended phenotype' 개념을 제시했고, 이 아이디어의 중심에 기생충이 있었다. 생물학자는 표현형을 생물의 유전적 구성, 즉 생물의 형태와 구조, 행동과 생리로 정의하며, 이러한 표현형은 자연 선택의 영향을 받는다. 환경 조건은 표현형에 작용해 생존에 영향을 주고, 새로운 유전적 변이는 표현형을 변화시켜 잠재적으로 생존 가능성을 향상할 수 있다. 도킨스의 견해에 따르면 공존하는 생물에 일어나는 유전적 변화는 서로에게 영향을 미치며, 따라서 기생충과 숙주 양쪽의 유전적 특징은 양쪽의 표현형 발현에 반영된다. 즉, 기생 관계에서 한 구성원의 유전자는 물리적 상호 작용이나 유전자 발현의 변화를 통해 다른 구성원의 표현형에 직접 영향을 준다. 자연 선택은 숙주와 기생충 양쪽 모두에 발생하는 유전적 변이의 표현형 발현에 관여한다.

　과학자들은 기생충과 숙주의 상호 작용이 생태계에 유익한 결과를 가져오는지 궁금했다. 생태학자는 포식자의 존재가 더욱 건강한 먹이 개체군을 형성한다는 사실을 깨달았다. 북미에서 늑대가 거의 멸종했을 무렵, 말코손바닥사슴moose과 와피티사슴elk, 사슴deer은 개체 수가 처음에는 폭발적으로 증가했으나, 수가 지나치게 늘어난 초식동물이 식물을 고갈시키는 바람에 대규모로 멸종했다. 그런데 늑대가 재도입Reintroduction[2]되자 생태계가 안정되고, 포식자와 피식자 모두 더욱 건강한 개체군을 형성했다. 기생충과 숙주에도 같은 현상이 일어날 수 있으며, 기생충은 숙주 개체군과 주위 환경의 가용 자원이 더욱 조화롭게 균형을 이루도록 돕는다. 이를테면 물총새가 기생충에 감염된 킬리피시의 검은 점에 이끌려 선택적으로 감염된 킬리피시를 사냥하면, 검은 점이 없는 비 감염 킬리피시는 생존하고 번식할 가능성이 증가한다. 중요한 문제는 각 개체가 많은 자손을 낳는 것뿐만 아니라, 지역의 전체 개체 수가 증가하는 것이다. 감염된 킬리피시가 물총새의 시선을 많이 끌수록, 비 감염 킬리피시의 서식 환경은 더욱 안전해진다. 이러한 사례는 폭넓은 생태학적 관점이 기생충-숙주

---

2 기존 서식 범위에서 멸종한 생물을 그 서식 범위 안으로 인위적으로 이동시키고 방사하는 것 — 옮긴이주.

상호작용 역학을 분명히 밝히는 데 도움이 된다는 것을 암시한다. 언뜻 보기에는 기생충이 우세한 듯 보이지만, 기생충과 숙주 모두의 삶의 역사를 면밀히 들여다보면 좀 더 미묘한 이야기가 드러난다.

탐험

9장.
치명적인 바이러스의 원천을 찾다

1993년 뉴멕시코주 지역 보건소에 폐렴과 유사한 증상을 보이며 고열에 시달리지만 항생제에 반응하지 않는 사람들이 나타나기 시작했고, 초기 환자 중 다수가 며칠 지나지 않아 사망했다. 깜짝 놀란 의료 종사자들은 뉴멕시코주 전염병학자에게 연락했고, 이 소식은 애틀랜타 질병통제예방센터[1] 소속 전문가들에게도 전해졌다. 전염병학자들은 해당 질병이 미국 남서부 사람들 사이에서 전파되는 패턴을 밝히기 시작했다. 뉴멕시코주에서 환자가 발생한 지역은 기후가 덥고 건조할 뿐만 아니라, 휘발생

---

[1] Centers for Disease Control and Prevention, CDC는 미국 보건복지부 산하 연방 기관인 질병통제예방센터를 의미하며 전염병 및 기타 질병의 연구, 모니터링, 대비, 예방을 담당한다.

쥐deer mice가 풍부하게 서식한다는 중요한 공통점이 있었다. 얼마 지나지 않아 미국의 포 코너스Four Corners(콜로라도주, 유타주, 애리조나주, 뉴멕시코주의 경계가 만나는 지점) 지역 전역에는 흰발생쥐가 고밀도로 서식하는 곳, 특히 겨우내 출입문을 닫고 있었거나 사용하지 않았던 헛간, 오두막 등에 접근하지 말라는 건강 경보가 발령되었다. 신 놈브레Sin Nombre(스페인어로 '이름 없음'을 의미)라고도 불렸던 병원체 오르토한타바이러스속Orthohantavirus이 뉴멕시코주에서 광범위하게 공포심을 불러일으켰다. 이 오르토한타바이러스속은 숙주가 흰발생쥐인 한타바이러스hantavirus로, 흰발생쥐에게는 별다른 영향을 미치지 않지만 인간에게 전염되면 치명적이라고 알려졌다.

그림 G.23.
오르토한타바이러스속

한타바이러스는 지금도 치명적이다. 2004년 버지니아공과대학교 대학원생 제프 카민스키Jeff Kaminski는 웨스트버지니아주에서 삼림 관리 연구 프로젝트를 수행하기 위해 쥐를 채집했다. 카민스키는 쥐로 가득 찬 덫을 자동차에 싣고 실험실로 운전한 뒤 한타바이러스에 감염되어 사망했다. 현재 북아메리카에는 알려진 몇몇 한타바이러스 변종이 여전히 존재한다.

　이 새로운 질병의 원인이 바이러스로 밝혀지자, 과학자들은 바이러스의 원천에 대한 단서를 찾기 시작했다. 질병과 연관된 바이러스는 1950년대 초 한탄강 지역에서 한국 전쟁에 참전한 군인들로부디 분리되었고, 그러한 이유로 처음에 '한티바이러스'라고 명명되었다. 이는 한때 아시아에 존재했던 바이러스가 미국에 서식하는 쥐에 나타났음을 의미했다. 한타바이러스가 어떻게 전 세계로 전파되었는지 수수께끼를 풀기 위해 과학자들은 숙주를 자세히 조사해야 했다. 바이러스가 국제 거래되는 반려동물을 통해 이동했을까, 아니면 국제우편으로 발송된 소포로 우연히 전파되었을까? 양쪽 모두 아니라면, 미국에서는 한타바이러스가 늘 쥐만 감염시켰기 때문에 인간을 위협하는 존재로 분명하게 드러나지 않았던 걸까?

과학자들은 한국에 주둔한 미군 병사에서 확인된 한타바이러스가 몽골에서 발견되는 것과 유사한 생쥐에게서 유래한다는 것을 발견했다. 몽골에 서식하는 붉은쥐속*Apodemus*은 흰발생쥐*Peromyscus maniculatus*의 먼 사촌이다. 흰발생쥐는 가장 넓은 지역에 분포하는 북아메리카 설치류로, 남쪽으로 멕시코 오아하카주, 북쪽으로 유콘준주, 동쪽으로 래브라도주에 이르는 광활한 지대에 서식한다. 붉은쥐속과 흰발생쥐는 각각 지구 반대편에 살지만 약 2,000만 년 전 공통 조상에서 유래한 친척 관계에 해당한다. 2,000만 년 전 한랭 기후로 빙하가 생성되며 전 세계 해수면이 낮아진 끝에 새로운 육로가 드러났다. 공통 조상 쥐는 그 육로를 따라 새로운 환경으로 이동했고, 세월이 흐르며 새로운 종으로 분화되었다. 쥐가 진화할수록 쥐가 데리고 다니는 작은 생태계, 즉 장내 세균과 연충류, 외부기생물, 심지어 바이러스도 진화했다.

뉴멕시코주에서 한타바이러스가 발생한 당시 몽골 과학자들은 뉴멕시코주 과학자와 연락하고 있었는데, 두 지역 과학자들이 장기 생태 연구 현장을 마련하기로 뜻을 모았기 때문이다. 미국 국립과학재단National Science Foundation의 지원을 바탕으로, 과학자들은 국제 협력관계를 구축하여 미국 남서부 사람들을 괴롭혀 온 질병의 기원을 조사할 기회를 얻었다. 이들은 한타바이러스가 북아메리카 쥐뿐 아니라 몽골 쥐의 조상에도 존재했으리라 추측했다.

세계에서 강력한 나라로 손꼽히는 중국과 러시아 사이에 자리한 몽골은 진정 황량한 땅이다. 몽골은 울타리 없는 초원이 세계에서 가장 넓고, 아시아 어느 지역과 비교해도 인구 밀도가 낮다. 몽골 초원에 거주하는 주민들 대부분은 여전히 유목민이고, 풀이 자라는 계절에 맞추어 겨울부터 여름까지 가축을 몰고 이동한다. 몽골 초원은 남쪽의 고비Gobi 사막부터 북쪽의 침엽수림대 타이가taiga까지 몽골 전역에 펼쳐져 있다. 이 광활한 초원은 텍사스주보다 대략 두 배 넓으며, 유라시아의 모든 주요 생물 군계biome와 그와 연관된 생태계를 아우른다.

몽골은 높이 4,356미터로 솟은 서쪽의 후이텐봉Khüiten Peak부터 고도가 500미터 조금 넘는 동쪽의 호 호수Hoh Lake까지 지대가 큰 폭으로 기울어진 고원이다. 몽골 국토에서 초원의 비율은 80%를 넘으며, 아시아에서 가장 방대한 야생동물 서식지이다. 몽골 초원의 동부는 아프리카 세렝게티보다 10배 이상 넓고, 형성 초기에 대형 동물이 풍부했다. 커다란 혹 두 개를 지닌 야생 쌍봉낙타는 바닷물보다 염도가 높은 물에서 생존할 수 있는 유일한 포유류로, 몽골 초원에서 소규모로 무리 지어 살았다. 일부 쌍봉낙타는 5,000년 전 초기 상인에게 길들여져 오늘날 별도의 종으로 인정받고 있고, 야생 쌍봉낙타로 이루어진 소규모 무리는 지금도 여전히 몽골 남서부 지역에서 발견된다. 현재 야생 쌍봉낙타는 심각한 멸종 위기에 처한 까닭에 미래가 불확실하다. 올록볼록하고 화려한 뿔이 돋고 익살스러운 표정을 짓는 몽골 사이가영양saiga antelope은 한때 1,000마리 넘게 무리 지어 이동하면서 초원을 뒤덮었다. 오늘날 사이가영양도 마찬가지로 심각한 멸종 위기에 처했고, 몽골 극서부에 4,000마리의 소수 개체만 남아 있다. 아시아 초원에 서식하는 대형 토종 동물은 대부분 비슷한 운명을 맞이했다. 시베리아아이벡스Siberian ibex와 아시아당나귀Asiatic wild ass, 검은꼬리가젤black-tailed gazelle 모두 멸종 위기에 처했다. 몽골 정부는 고유의 토종 동식물을 보호하기 위해 전국에 보호구역을 설치했으며, 특히 2030년까지 국토의 30% 넘는 면적을 보호한다는 목표를 세웠다.

치명적인 한타바이러스를 전파하는 매개체의 선조를 찾는다는 목표로, 1999년 미국과 몽골 과학자들은 토종 포유류를 공

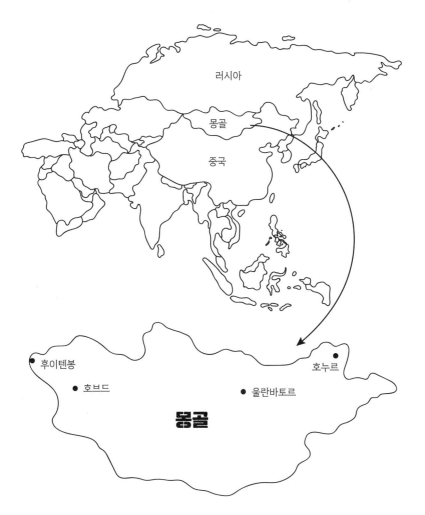

러시아

몽골

중국

후이텐봉

호브드

울란바토르

호누르

몽골

지도1. 몽골 지도

동 조사하기 위해 일련의 원격 현장 기지를 구축했다. 이들이 포획하고 채집한 수많은 소형 포유류 중 가장 개체 수가 풍부한 동물은 몽골 초원을 뒤덮은 우랄들쥐ural field mouse Apodemus uralensis였다. 총 다섯 차례에 걸친 공동 조사에서 과학자들은 우랄들쥐의 분포를 파악하고 지도화했다.

들쥐는 여러 기생충의 숙주다. 들쥐의 몸은 기생충 다양성이 풍부한 작은 섬으로서 내부기생충과 응애, 진드기, 이, 흑사병 매개체로 유명한 벼룩 등이 산다. 들쥐는 짧은 생애(두 살이면 노년기에 접어든다)를 사는 동안 놀랄 만큼 다양한 포식자에게 잡아먹힌다. 몽골 스텝steppe[2]에는 코사크여우corsac fox, 붉은여우, 회색늑대, 오소리가 집요하게 들쥐를 사냥한다. 솔개, 송골매, 세이커매sakar falcon와 같은 조류 포식자도 있다. 밤에는 부엉이 12종이 예민한 시력과 청력을 발휘해 들쥐를 찾는다. 낮에는 둥지를 튼 시베리아두루미Siberian crane, 재두루미white-naped crane, 검은목두루미common crane, 두루미red-crowned crane가 맛있는 전채 요리로 들쥐를 먹는다. 두루미들이 두 번째 코스 요리를 맛보러 가면 토종 때까치shrike가 나뭇가지에 들쥐를 꿰어 놓고, 큰까마귀raven는 커다란 그릇에서 땅콩을 쏙쏙 골라 먹듯 초원에서 들쥐를 골라 사냥한다. 이처럼 포식자가 많은 까닭에, 들쥐는 기생충의 영향으로 죽을 만큼 오랜 기간 생존할 확률이 매우 낮다.

---

2 강과 호수가 멀리 떨어져 있고 나무 없이 풀만 무성한 평야 — 옮긴이주.

1999년 첫 번째 탐사에서 네브래스카주 및 뉴멕시코주 과학자들은 몽골국립대학교 동물학 교수 밧차이칸 냠수렌Batsaikhan Nyamsuren을 만났다. 밧차이칸은 존경받는 생물학자로 몽골 초원의 자연사에 해박하여 '몽골의 E. O. 윌슨'으로 알려졌다. 탐사에 참여한 미국 과학자 중에는 네브래스카대학교 기생충학자 스콧 L. 가드너Scott L. Gardner와 뉴멕시코대학교 포유류학자 테리 L. 예이츠Terry L. Yates가 있었다.

미국 과학자들은 새벽에 몽골의 수도 울란바토르에 착륙했는데, 당시 울란바토르는 인구가 100만 명도 되지 않는 도시였다. 소련Soviet Union이 반세기 동안 점령했다가 철수한 직후였던 탓에, 교통수단이나 기반 시설도 남아 있지 않았다. 미국 대학원생으로 구성된 선발대와 몽골 과학자들은 소련 우아즈UAZ사에서 제조한 사륜구동 밴과 소련제 사륜구동 무기 운반차 GAZ 66을 빌렸다. 공항에 도착한 미국 과학자들은 선발대와 몽골 과학자들이 빌린 밴에 탑승했고, 차는 말파리horse fly와 사슴파리deer fly와 엄지손가락만큼 커다란 무스파리moose fly 등 다양한 흡혈파리로 가득했다. 밴에 갇힌 파리들은 밖으로 탈출하려 했으나 창문이 닫혀 있었기에 그럴 수 없었고, 과학자들은 60킬로미터를 달리는 동안 고통 속에 침묵했다.

과학자 팀은 밧차이칸과 학생들이 현장 기지를 구축한 인근의 고르히테렐지Gorkhi Terelj 국립공원으로 차를 몰았다. 이 국립공원은 몽골에서 세 번째로 크고 울란바토르에서 가까워 관광객에게 인기가 많다. 과학자 팀은 짙푸른 잎갈나무larch와 자작나무birch로 둘러싸인 푸른색의 층층이부채꽃lupine 들판에 도착하여 고통에서 해방되었다. 밧차이칸과 ㄱ의 동료인 몽골국립대학교 기생충학 교수 간조릭 수미야Ganzorig Sumiya가 세운 첫 계획은 국제적인 장기 생태 연구 현장을 조성한다는 것이었으므로, 동물 포획 장소는 대중이 쉽게 접근할 수 없으며 무엇에도 방해받지 않는 보호구역에 있어야 했다.

격자형 포획 장치가 높이 300미터 산 위에 설치되었다. 과학자들은 낙타고기, 양파, 향신료를 넣어 만든 몽골 요리 후슈르khuushuur를 먹으며 포획 틀을 들고 가파른 계단 같은 산길을 따라 올라갔다. 이들이 선택한 길은 절벽에서 낙하한 암석이 퇴적해 형성된 지형으로, 야생화가 빼곡히 피어 있으며 낯선 이들의 등장에 놀라 끽끽 소리를 내는 우는토끼pika가 우글댔다. 과학자들은 산 정상에 격자형 포획 장치를 설치했다. 이 장치는 길이 1,000미터에 달하는 거대한 바퀴 형태로, 중심에서 바깥으로 바큇살 8개가 뻗어 나오며 각 바큇살에는 10미터마다 생포용 포획 틀이 달렸다. 이러한 격자형 포획 패턴 덕분에 과학자들은 해당 지역에 서식하는 온갖 포유류 종의 밀도와 개체 수를 전부 추정할 수 있었다. 컴퓨터 프로그램은 장기 생태 연구가 진행되는 서로 다른 현장에서도 같은 포획 패턴을 토대로 개체 수를 추정하도록 설계되었다. 몽골의 연구 현장에서 수집된 데이터는 훗날 뉴멕시코주에서 전 세계 데이터와 비교되었다.

과학자 팀은 포획 틀을 설치하고 산 아래에 있는 현장 기지로 철수했다. 연구 절차는 이내 확립되었다. 매일 아침 산 정상에 올라가 포획 틀에서 동물을 꺼내고, 기지로 돌아와 그 동물을 조사하는 것이었다. 과학자들은 야크 울음소리가 이따금 들려오는 야생화 들판 한가운데에 현장 해부 실험실을 꾸렸다. 장갑, 안면 보호구, 보안경은 기본이고 때때로 전신 보호복도 필요했다. 동물을 처리하는 과정은 까다로운 반복 작업이었다. 과학자는 각 포유류를 채집하면 고유 연구 번호를 부여하고, 포유류와 포유류에서 얻은 기생충 및 조직(심장과 간 등)을 표본으로 만들어 과학적 용도를 다할 때까지 함께 보관했다. 소형 포유류의 외부기생물은 추후 연구를 위해 비닐봉지에 담아 에탄올에 보존했다. 내부기생물은 포유류의 소화관, 체강, 피부 아래, 눈, 뇌, 방광 등 모든 기관을 조사하여 채집했다.

밤이면 현장 기지는 좀비 영화 촬영장처럼 보였다. 밝게 밝혀진 텐트 안에는 특색 없는 괴생물체가 몸을 웅크리고 있었고, 탁자 위에는 내장이 담긴 페트리접시가 연기를 내뿜는 녹색 코일형 모기향으로 에워싸여 있었다. 발전기는 쉴 새 없이 윙윙거리며 기지와 실험실에 빛을 공급했다. 원심분리기가 몇 분간 빙글빙글 돌아 골수를 세포 성분으로 분리하면, 과학자는 고정액을 떨어뜨려 세포 물질을 보존했다. 그런 다음 골수에서 분리된 세포 한 방울을 현미경 슬라이드에 떨어뜨리고 염색해, 세포에 존재하는 염색체를 확인했다. 동물에서 추출된 심장과 간, 신장은 극저온 관cryotube에 넣어 하얀 증기가 피어오르는 액체 질소 탱크에 보관했다.

몽골 현장 실험실에서 과학자들은 원생생물, 기생충 알, 세균, 바이러스가 바글거리는 작은 분변 덩어리를 중크롬산칼륨이 담긴 병에 넣어 구포자충류coccidia 원생생물은 보존하고, 세균은 사멸시켰다. 구포자충류는 조사된 모든 포유류 종에 존재했다. 구포자충류 중에서도 구포자충속Eimeria은 특히 다채로운데, 어떤 종은 숙주 특이성이 무척 높은 반면 다른 종은 숙주를 가리지 않고 마주치는 모든 동물의 위장 융모villus에 서식한다. 또 다른 종은 보편 숙주에서 새로운 동물로 이동하며 숙주를 갈아탄다.

그림 G.9. 구포자충속

모든 과학자는 전 연구 과정에서 일찍이 밝혀진 바 없는 종이 나타날 가능성을 생각하며 경계를 늦추지 않았다. 보석 세공사가 다이아몬드에서 흠집을 찾아내듯, 연구팀은 포유류의 모든 기관을 꼼꼼히 조사했다. 발견된 기생충에 따라 보존 방법이 정해졌다. 조충류, 흡충류, 구두충류 등 몇몇 기생충은 증류수에 넣어 보존했는데, 이렇게 보존하면 삼투압 불균형이 발생하며 기생충이 느슨하게 풀리기 때문이다. 과학자들은 기생충을 분류한 다음 형태학 연구를 위해 포르말린formalin 유리병에 보존하거나,

분자생물학 연구를 위해 기생충의 몸 일부를 액체 질소가 담긴 극저온 관이나 에탄올 병에 담았다. 선충류는 빙초산으로 처리해야 했는데, 선충의 꼬인 몸이 느슨하게 풀리고 곧게 펴지면서 독특한 구조가 드러나기 때문이다.

과학자들은 박물관으로 돌아가 입수한 표본을 연구하며 숙주와 작은 기생생물, 바이러스, 단세포 원생생물 등 현장에서 연구하기에 너무 작은 생물의 유전학을 밝혔다. 혈액과 기타 조직 시료는 의료 센터로 보내 효소결합면역흡착검사[3]를 수행했다. ELISA는 특정 바이러스에 대한 항체[4]의 존재를 탐지하는 검사를 의미하며, 이번 연구에서는 한타바이러스와 그와 관련된 항체를 조사했다. 구포자충류와 기생충을 연구하자, 환경 지표이자 생물 다양성 척도로서 기생생물이 얼마나 가치 있는지가 드러났다. 1999년 미국 과학자들의 첫 방문 이후, 미국과 몽골 과학자 팀은 2009년부터 2012년까지 매년 몽골에서 다시 모였다.

과학자는 한 가지 의문을 탐구하는 동안 이따금 다른 의문에 대한 답을 얻는다. 2012년 마지막 몽골 방문에서 과학자 팀은 치명적인 기생충을 암시하는 중요한 단서를 발견했다. 과학자들

---

3 enzyme-linked immunosorbent assay, ELISA는 혈청 시료에서 특정 항원 또는 항체를 검출한다. 이 검사는 생물에서 바이러스, 세균 또는 기생충 감염의 징후를 감지하는 데 활용된다.

4 신체에서 생성되는 단백질 분자로 면역계를 구성한다. 이들은 항원을 인식하고, 인식된 항원에 결합한 다음, 그 항원을 중화한다. 항체는 척추동물에서만 생성된다.

은 몽골 서부에 자리한 실크로드 도시 호브드Khovd 외곽의 하르우스Har-Us 호수에 생포용 덫을 놓은 뒤, 간에 조충 유충이 득시글대는 밭쥐를 발견했다. 이들은 밭쥐 간의 90%를 차지한 이 조충이 다방조충Echinococcus multilocularis임을 이내 깨달았다. 이 밭쥐를 발견한 덕분에, 만성적이고 생명을 위협하며 심각한 장애를 일으키는 질병으로부터 서몽골 사람들을 보호하는 데 밑거름이 되는 풍부한 생태학적 정보가 밝혀졌다. 다방조충에 감염되었으나 치료받지 못한 사람은 대략 90%가 질병으로 목숨을 잃는다.

밭쥐에 기생하는 다방조충은 몽골에서 처음으로 존재가 확인되었다. 밭쥐는 다방조충의 유충을 전파하는 중간숙주이다. 다방조충이 발달해 성체가 되면 몽골 회색늑대를 감염시킨다. 늑대의 장에서 다방조충이 알을 낳으면 늑대 똥에 섞여 배출된다. 칼슘 부족을 겪는 밭쥐는 무기질이 풍부한 늑대 똥을 먹다가 우연히 다방조충 알도 삼킨다. 밭쥐의 장에서 부화한 작은 유충은 간으로 이동한다. 유충은 간에서 포낭을 형성하며, 때로는 다른 장기로 이동해 발달하기도 한다. 배고픈 늑대나 여우, 개가 밭쥐를 잡아먹으면 다방조충 수천 마리가 숙주의 소장에서 빠르게 발달하고 전염 주기가 다시 시작된다.

몽골 어린이는 집 주변의 밭쥐를 잡아먹는 반려견에게서 다방조충을 옮긴다. 어린이 몸에 들어간 다방조충은 숙주 어린이가 성인이 되는 동안 간에서 발달하며 고요한 혼란을 일으킨다. 어린이 몸속에서는 다방조충의 존재가 일반적으로 뚜렷하게 드러

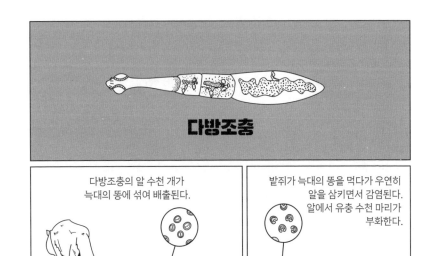

그림8. 다방조충의 생활사

나지 않지만, 성인에게서는 다방조충이 형성한 포낭이 계속 발달하면서 치명적인 증상을 유발한다. 다방조충은 간 기능을 저하시키고 황달jaundice[5]을 일으킨다. 다방조충의 포낭은 뇌로 이동하면 발작을, 폐에서는 숨헐떡임을 초래한다. 몽골의 야생동물 숙주에서 다방조충이 발견되자, 보건 당국은 이 기생충이 몽골의 고유종endemic임을 알게 되었다. 기생충의 전체 생활사가 호수 주변에서 일어난다는 사실은 어린이로 이동하기 전 개에 기생하는 성체 기생충을 제거하는 등의 보건 조치가 표준 관행이 될 수 있음을 시사했다.

　몽골에서 진행된 현장 연구는 수많은 의문을 제기했고, 과학자들은 여전히 그 의문들을 탐구하는 중이다. 과학자 팀이 몽골에 서식하는 설치류와 그 외 포유류에 기생하는 기생충의 다양성에 관한 지식을 폭넓게 확장했지만, 한타바이러스의 기원에 얽힌 수수께끼는 대부분 풀리지 않은 채로 남아 있다. 반가운 소식은 몽골 쥐에서 한타바이러스가 아직 발견되지 않았으며, 질병 확산을 억제할 수 있는 희망이 있다는 점이다.

　현장에서 연구하는 기생충학자는 현대의 탐험가이다. 새로운 동물과 식물을 찾기 위해 알려지지 않은 황무지를 탐험한 초기 자연사학자처럼, 기생충학자는 일반적으로 이미 알려진 동물의 안팎에서 새로운 생물종을 발견한다. 심지어 인간에게 친숙한

5　간이 빌리루빈bilirubin을 분해하지 못해 피부와 눈이 노랗게 변하는 증상이다.

동물들도 이제 막 이해되기 시작한 생물 다양성의 세계를 품고 있다. 기생충학자는 새로운 종을 발견하면, 시간과 공간을 기준으로 새로운 종의 생활사를 지도화하고, 발견한 종과 다양한 숙주 사이에 형성된 상호 관계망을 기술한다. 이러한 지식은 인간이 세상에 존재하는 기생충의 다양성을 이해하고, 궁극적으로 기생충과 함께 살아가는 데 필요한 청사진을 제시한다.

10장.
낙원의 기생충

기생충은 특히 외딴섬에 사는 사람들에게 재앙을 일으킬 수 있다. 베링해에서 러시아와 알래스카 사이에 자리한 세인트로렌스섬은 지름이 약 160킬로미터로, 갈라파고스 제도에서 가장 큰 이사벨라섬에 맞먹는다. 갈라파고스 제도와 마찬가지로, 세인트로렌스섬은 본래 화산섬이다. 정치적으로 알래스카주에 속하지만 지리적으로 러시아 동부 축치Chukchi 반도에 더 가까운 세인트로렌스섬은 한때 아시아와 아메리카를 연결했던 베링육교의 잔해다.

세인트로렌스섬은 수천 년간 시베리아 유픽Yupik족이 거주했으며, 유픽족은 축치 반도에 사는 원주민과 언어 및 문화를 공유한다. 현대에도 세인트로렌스섬은 여전히 혹독한 땅이다. 지역

주민은 전통적으로 낚시와 바다코끼리 및 고래 사냥으로 생계를 유지하며 수년 주기로 돌아오는 기근에 맞서 간신히 살아남았다. 1900년경에는 세인트로렌스섬에 주기적으로 발생하는 식량 부족을 완화하기 위해 순록reindeer이 도입되었고, 오늘날 대규모 순록 무리가 확고히 정착한 상태다. 시베리아 유픽족의 일상생활은 개 썰매를 활용한 운송, 우편물 배달, 사냥, 목축을 중심으로 돌아간다. 개 썰매는 수백 년 전부터 이어져 내려온 유픽 문화의 특징으로, 개와 주인이 우정과 존중을 바탕으로 끈끈한 유대 관계를 형성한다.

1940년대 후반, 수의사이자 과학자인 로버트 로이드 라우시Robert Lloyd Rausch는 미국 공중보건국Public Health Service 산하 기관인 북극보건연구센터Arctic Health Research Center 소속으로 세인트로렌스섬에 서식하는 포유류와 기생충을 조사했다. 라우시는 평범한 수의사가 아니었다. 학부에서 포유류학, 파충류학, 곤충학을 공부한 뒤 대학원에 진학해 기생충학과 야생동물 관리를 연구했다. 그는 온화하고 겸손하지만 통념을 타파하는 학자로서, 인간과 다른 동물의 건강 간의 깊은 연관성을 이해했다. 라우시는 현대 수의학의 전 분야를 아우르며 일찍이 원헬스One Health라는 개념을 제시했는데, 원헬스란 사람과 다른 동식물과 환경이 서로 이어진 연결망을 이해하고 세계 보건에서 그들이 수행하는 역할에 초점을 맞추는 학제 간 국제 공동 연구를 의미한다. 라우시는 세인트로렌스섬에 도착해서 포유류가 옮기는 질병을 기록

지도2. 세인트로렌스섬과 베링해협 지도

하고 그러한 질병이 원주민에 가하는 위협을 이해하려 했다. 그리고 시베리아 유픽족 원주민의 이야기에 귀를 기울이며, 그들의 환대와 협력에 감사한 마음을 품었다. 조용한 생물학자 라우시와 연구팀은 원주민의 도움을 바탕으로 조충과 토종 밭쥐, 북극여우와 귀중한 썰매 개, 그리고 마을 주민이 얽힌 은밀한 전염 주기를 발견했다.

포식자와 그들이 잡아먹는 먹이 동물은 서로 영향을 주고받으며 주기적으로 개체 수가 변동한다. 그런데 섬에서는, 그중에서도 북극에서는 개체 수의 증가와 감소가 해당 지역에 서식하는 거의 모든 다른 생물종에 영향을 준다. 때때로 기후 또는 식량의 증가가 개체 수의 주기적 변동을 이끌기도 한다. 변동의 원인이 무엇이든 간에, 밭쥐처럼 빠르게 번식하는 먹이 동물이 갑자기 증가해서 어디서든 볼 수 있게 되면, 포식자도 폭발적으로 늘어난 먹이 동물 덕분에 곧 개체 수가 증가한다. 이 같은 현상이 발생할 때 먹이 동물과 포식자의 개체 수만 증가하는 것은 아니다. 라우시는 기생충 개체 수도 주기적 변동 패턴을 따른다는 점을 밝혀냈다. 그가 조사를 시작한 당시 툰드라밭쥐tundra vole의 개체 수는 상당히 안정적이었다. 그런데 1950년대 초 어느 시점에 툰드라밭쥐의 개체 수가 급증하여 과거에 주민들이 관찰한 것보다 훨씬 늘어났고, 얼마 지나지 않아 툰드라밭쥐를 잡아먹는 북극여우도 마찬가지로 개체 수가 증가했다. 1955년 겨울까지 조사된 모든 북극여우는 다방조충에 감염된 상태였다. 여기서 감염은 고작 다방조충 몇 마리를 의미하는 것이 아니다. 가벼운 감염인 경우 북극여우 한 마리에서 발견된 다방조충이 2만 5,000마리였고, 심각한 감염일 경우 45만 마리가 발견되었다.

다방조충은 두 종류의 숙주에서 일생을 보내는 작은 기생충으로, 중간숙주는 밭쥐를 비롯한 설치류이고 고유숙주는 북극여우를 비롯한 육식동물이다. 라우시는 유빙을 타고 이동하는 북극여우가 다방조충에 감염된 상태로 아시아에서 세인트로렌스섬으로 건너왔으리라 추정했다. 인간이 세인트로렌스섬에 다다르기 전에 다방조충은 포식자-먹이 동물의 개체 수 변동 주기, 즉

이 경우는 북극여우-밭쥐의 개체 수 변동 주기를 따라 조용한 생활사를 가졌을 것이다. 그런데 원주민이 세인트로렌스섬에 개를 데려왔고, 개는 북극여우와 가까운 친척인 까닭에 또한 다방조충의 고유숙주 역할을 하기 시작했다. 인간은 다방조충의 자연숙주가 아니지만, 개와 밀접하게 접촉하며 사는 섬 주민들 또한 다방조충에 이내 감염되었다.

감염된 섬 주민들은 다방조충에 만성적으로 감염되면 나타나는 징후인 다방포충병alveolar hydatid disease에 걸렸다. 우연숙주인 사람이 다방포충에 감염되면, 사람과 다방조충의 유충 양쪽 모두 해를 입는다. 사람이 다방조충의 알을 섭취하면, 다방조충은 밭쥐를 감염시켰을 때처럼 유충으로 부화해 포낭을 형성하고 서서히 크기가 커지는 수년 동안 눈에 띄지 않는 상태에서 간과 폐, 그리고 다른 조직의 정상적인 기능을 방해한다. 라우시가 연구하던 당시 다방조충에 감염된 세인트로렌스섬 주민 가운데 3분의 2 이상은 생명을 위협받는 상황이었다. 오늘날 시베리아 유픽족 주민들은 전보다 개를 적게 기르는 데다 정기적으로 구충을 진행했기 때문에, 인간 감염은 좀처럼 발생하지 않는다.

특정 기생충은 거의 모든 인간을 감염시킨다. 지난 100년간 기생충학은 전염 패턴을 식별하고, 치료법을 개발하고, 어떤 기생충이 다른 기생충보다 해로운지 이해하는 등 놀라운 성과를 냈다. 기생충으로 구성된 십자말풀이에서 누락된 글자들을 찾는 일은 기생충의 성공적인 생존 방식이 그리는 그림을 전체적으로 완성하는 과정이다. 과학자는 얼마나 많은 기생충이 숙주를 선택하고, 변화하는 환경에서 살아남는지 여전히 이해하지 못한다. 기생충은 알려진 숙주를 유지하는 보수주의적 욕구와 적합한 환경에서 급진적 변화를 시도하는 기회주의적 욕구 사이에서 균형을 유지한다. 각 기생충 종이 그러한 균형을 언제, 어떻게 깨뜨리는지 이해하면, 인간이 기생충과 함께 생존하는 방법을 밝히는 데 필요한 정보를 얻을 수 있다.

가까운 본토와 비교하면, 섬은 대부분 생물종의 다양성과 생물 군집의 복잡성이 낮다. 생태학자 로버트 H. 맥아더Robert H. MacArthur는 생물종의 수와 섬의 크기, 본토와 섬의 거리, 생물이 이주하고 멸종하는 속도 간에 어떤 관계가 있는지를 연구했고, 그 결과에 과학자들이 주목했다. 섬들, 특히 본토 대륙에서 멀리 떨어진 섬은 기생충의 생존법을 연구하는 데 무척 유용한 실험실로 밝혀졌다. 하와이 제도는 다른 제도와 비교하면 본토 대륙에서 멀리 떨어져 있으며, 토종 동물은 거의 완전히 고립된 채로 진화했다. 하와이 제도는 약 1,500년 전 다른 태평양 섬에서 탐험을 떠난 대담한 폴리네시아인 선원들이 발견했다. 초기 이주민이 도착하기 전까지, 하와이 제도에 사는 토종 포유류는 하와이몽크물범Hawaiian monk seal과 하와이큰은이박쥐Hawaiian hoary bat 두 종뿐이었다. 오늘날 이 두 포유류는 멸종 위기에 처했다.

박쥐는 매우 다양한 기생충에 감염되었을 뿐만 아니라, 병원성이 상당히 높은 기생충에 대응하는 고유의 생리 저항성을 지닌다. 이는 박쥐가 종 다양성이 높고, 하늘을 날 수 있으며, 오랜 세월 동안 진화한 데 따른 간접적인 결과일 수 있다. 박쥐는 1,400종이 알려져 있으며, 포유류 중에서 설치류 다음으로 가장 다양하고 폭넓게 분포하는 동물군이다. 그리고 진정한 비행을 하는 유일한 포유류이다. 날여우flying fox는 과일박쥐의 일종이고, 날다람쥐flying squirrel는 박쥐와 다르게 나무에서 나무로 활공할 뿐 공중에서 능동적으로 몸을 추진해 앞으로 나아갈 수 없다. 바이러스에 대한 친화력이 높은 까닭에, 박쥐는 가장 위험한 바이러스 중 일부, 이를테면 광견병바이러스rabies virus, 한타바이러스, 에볼라바이러스Ebola virus, 마버그바이러스Marburg virus, 중증급성호흡기증후군 코로나바이러스SARS-CoV 등을 보유한다고 알려져 있다. 이처럼 치명적인 바이러스를 지니지만, 박쥐의 선척적·후천적 면역 체계가 질병에 걸리지 않도록 박쥐를 보호한다. 박쥐는 2014~2016년 아프리카에서 발생한 에볼라 출혈열, 2019년 말에 발생한 세계적 유행병인 신종 코로나바이러스 감염증 등을 포함한 현대 유행병이 전파되는 과정에 관여했다고 알려졌다. 박쥐와 기생생물 사이의 역학 관계를 파악하는 일은 세계 보건 및 생물학적 다양성 연구의 최전선이다.

개체 수가 드물고 고립된 환경에 사는 하와이늪은이박쥐 몸속의 조충은 기생충의 생활사를 이해하는 연구에 새로운 도전 과제를 제시했다. 1970년대에 세인트로렌스섬과 북극에서 연구를 막 마친 로버트 라우시는 하와이늪은이박쥐에서 발견된 조충 히메놀레피스 라시오닉테리디스*Hymenolepis lasionycteridis*를 주제로 논문을 발표했다. 라우시는 북아메리카에서 바람을 타고 이동한 박쥐 무리가 하와이를 점령했으리라 추정하며, 그러한 박쥐의 이동이 반복적으로 이루어졌을 가능성을 제기했다. 박쥐는 조충과 함께 하와이로 이주했고, 시간이 흐를수록 두 생물은 변화한 환경에서 선택압을 받으며 고립된 상태로 진화해 본토의 생물종과 뚜렷하게 달라졌다. 박쥐는 다른 곳에서 찾아볼 수 없는 고유종이 되었고, 이는 조충도 마찬가지였다.

과학자는 새로운 데이터가 패러다임paradigm에 더는 맞지 않으면 가설을 수정한다. 하와이늙은이박쥐에 기생하는 조충의 생존법은 기생충 전염을 설명하는 현대 이론에 도전장을 내민다. 조충이 중간숙주를 완전히 잃는 일은 좀처럼 일어나지 않으므로, 하와이에 도착한 조충은 살아남기 위해 현지에서 중간숙주를 찾아야 했을 것이다. 이는 낯설고 예상치 못한 숙주 갈아타기로 이어졌을 가능성이 크지만, 이러한 일이 어떻게 발생했는지는 여전히 풀기 힘든 수수께끼이다. 박쥐 기생충과 바이러스의 생존 역사는 대개 알려진 정보가 거의 없고, 하와이늙은이박쥐에 기생하는 조충에 얽힌 이야기는 추측이 꼬리에 꼬리를 문다. 섬에 사는 동물군을 대상으로 진행하는 조충 연구는 생태 적응ecological fitting[1]을 이해하고, 생물이 변화에 적응하는 방식의 한계를 밝히

---

1 생물이 새로운 환경으로 이주해 정착할 때, 새로운 자원을 활용하거나 다른 생물종과

는 데 중요하다. 섬에 구축된 복잡한 생태적 상호작용 체계는 과학자가 진화와 생물 군집의 구조, 생태적 다양성의 교차점을 지도화할 때 활용하는 간단한 실험실이다. 박쥐에 기생하는 조충의 생활사를 밝히는 일은 바이러스 같은 유기체가 한 숙주에서 다른 숙주로 이동하는 방식을 이해하는 중요한 과정이다.

섬 기생충과 관련된 또 다른 수수께끼는 갈라파고스 제도에 사는 쌀쥐속rice rat에서 나왔다. 1835년 찰스 다윈Charles Darwin이 산크리스토발섬San Crist bal Island에서 채집한 이 털북숭이 생물은 역사상 처음으로 알려진 산크리스토발섬 고유종 설치류였다. 갈라파고스는 에콰도르 해안에서 약 965킬로미터나 떨어져 있어 수많은 새로운 종을 탄생시키는 산실로 작용했다. 300만 년에서 400만 년 전 무렵, 쌀쥐속의 친척은 남아메리카 본토에서 출발해 바다를 떠다니는 통나무 위에서 살아남아 갈라파고스에 도착했으리라 추정된다. 이처럼 최초로 섬에 도착한 쌀쥐속 친척들은 번식하며 다양하게 분화한 끝에 새로운 쌀쥐속 종을 탄생시켰다.

쌀쥐속은 작고 뾰족한 코를 지닌 잡식성 사냥꾼으로 곤충과 식물 그리고 식물의 씨앗을 먹는다. 그 덕분에 팔로산토palo santo 같은 토종 나무의 씨앗이 섬 곳곳으로 퍼진다. 쌀쥐속은 갈라파고스매Galápagos hawk와 쇠부엉이short-eared owl에게 사냥당하고, 쌀쥐속의 새끼는 대형갈라파고스지네giant Galápagos centipede의

─────────

새로운 관계를 형성하는 과정을 말한다.

독침에 찔려 죽는다고 알려져 있다. 갈라파고스 제도의 고립 상태는 17세기 포경선이 보급품을 보충하기 위해 섬에 정박하기 시작하면서 종말을 맞이했다. 포경선은 정박할 때마다 본토에서 데려온 난폭한 갱단, 이를테면 곰쥐black rat, 집쥐norway rat, 생쥐 등을 남기고 떠났다. 최초로 정박한 포경선은 미래에 식량으로 활용하기 위해 염소를 섬에 풀어 놓았고, 이들 염소는 섬의 식물 군을 파괴했다. 순진한 토종 쌀쥐속을 무차별 사냥하는 고양이도 유입되었다. 이러한 선택압은 오늘날 토종 쌀쥐속을 멸종으로 몰아갔다.

경쟁은 언제나 진화를 떠받치는 중심축이었고, 선택압을 형성해 생물종을 제각기 다르게 분화시켰다. 그런데 섬에서는 진화적 줄다리기의 균형이 한쪽으로 기울어져 있었다. 본토의 생물종은 혹독한 환경에서 자기 영역을 노련하게 방어하는 난폭한 갱단의 일원이다. 반면에 섬의 생물종은 순진하고 연약하다. 섬 생물은 가까운 경쟁자와 생존을 걸고 싸울 필요가 없으므로, 고유의 생활 방식을 방어하는 수단을 발전시키지 못했다. 과거 고립되었던 섬에 도착한 본토의 생물종은 불공평하게도 생존에 유리한 특성을 지니고 있었고, 이는 섬의 무수한 고유종을 멸종으로 이끌었다.

1990년대에 포유류학자 로버트 다우러Robert Dowler는 쌀쥐속의 생존 증거를 찾기 위해 갈라파고스 제도로 갔다. 당시에 쌀쥐속 두 종은 한때 갈라파고스 제도에 서식했다라고만 알려져 있었다. 다우러는 끈질기게 조사한 끝에, 멸종했다고 여겨진 두 종이 여전히 살아 있다는 증거를 발견했다. 그가 애써 연구한 덕분에 갈라파고스에 살아남은 쌀쥐속 종은 개체 수가 두 배로 늘었지만, 쌀쥐속 네 종은 모두 여전히 겨우 명맥을 유지하는 중이다. 다우러는 철두철미하게 연구하면서 쌀쥐속은 물론 쌀쥐속 몸속에 서식하는 생물 군집까지 고려했다. 몸속 생물 군집을 깊이 이해하기 위해, 그는 맨터 기생충학 연구실로 표본을 보내서 식별을 의뢰했다. 그런데 맨터 기생충학 연구실 큐레이터 스콧 가드너는 다우러가 채집한 쌀쥐속에서 얻은 조충 표본을 조사하고 당황했다. 이 표본은 세계에서 가장 많은 조충 종(전 세계에 최소 750종이 알려져 있음)을 포함하는 라일리에티나*Raillietina*속 조충임이 분명했다. 쌀쥐속에 기생하는 이 조충은 어떻게 갈라파고스 제도에 도달했을까?

가드너는 조충을 수월하게 식별하는 방법을 찾으려고 고심했다. 조충 표본 상태가 좋지 않아 식별에 활용할 DNA가 없는 까닭에 유전자 바코드genetic barcode로 종을 판별할 수는 없었다. 따라서 비교형태학이라는 까다로운 방식을 따를 수밖에 없었는데, 비교형태학에서는 특정 조충이 지닌 세부적 특징이 다른 조충 수백 종과 어떻게 일치하는지를 조사한다. 가드너는 가능성이 가장 큰 시나리오를 떠올렸다. 조충은 수백만 년 전 갈라파고스 제도에 최초로 도착한 쌀쥐속과 함께 왔을까? 혹은 그보다 훨씬 최근에 포경선을 타고 갈라파고스로 온 쥐들과 동행했을까?

그렇지 않으면 새 등 다른 동물에서 쌀쥐속으로 숙주가 바뀌었을까?

쌀쥐속이 갈라파고스에 처음 도착했을 때, 쌀쥐속의 몸에 라일리에티나속 조충의 조상이 무임승차했을 가능성이 있다. 이 가설은 오늘날 남아메리카에 서식하는 라일리에티나속 조충과 갈라파고스에 서식하는 라일리에티나속 조충이 가까운 친척임을 암시한다. 남아메리카의 라일리에티나속 조충 가운데 한 종은 원숭이에서만 발견된다. 다른 한 종은 남아메리카 대륙의 카리브해에서 주로 발견되는데, 이 지역은 갈라파고스섬으로 가는 안락한 경로가 산으로 막혀 있다. 가드너는 갈라파고스에서 가장 가까운 나라인 에콰도르에 서식하는 라일리에티나속 조충에 대한 기록을 바탕으로 갈라파고스의 라일리에티나속 조충을 식별하기 시작했으며, 특히 새나 설치류를 감염시키는 조충에 집중했다. 원숭이는 남아메리카에서 갈라파고스로 건너가지 않았다고 알려졌기 때문이다.

다른 가설도 고려되었다. 갈라파고스로 가는 선박은 대부분 남아메리카나 아시아에서 직접 출발했다. 동남아시아에서 출발한 선박은 1700년대에 거북이를 잡기 위해 갈라파고스섬을 정기적으로 들렀고, 그 과정에서 섬으로 유입된 쥐가 먹이그물에 끼어들었다. 이 쥐들이 라일리에티나속 조충에 감염되어 있었다면, 조충은 숙주를 갈아타 갈라파고스의 쌀쥐속에 정착했을 것이다. 이는 갈라파고스의 고유종 조충이 아시아의 라일리에티나속 조

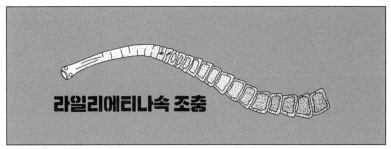

라일리에티나속 조충

라일리에티나속 조충의 편절이
알로 가득 찬 상태로
쌀쥐속의 똥에 섞여
배출된다.

절지동물이
편절을 먹는다.

쌀쥐속이 절지동물을 잡아먹고
라일리에티나속 조충에 감염된다.

라일리에티나속 조충은
소장에서 발달해 짝짓기한다.

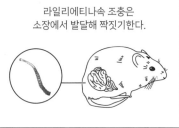

편절이 쌀쥐속의 똥에 섞여
배출된다.

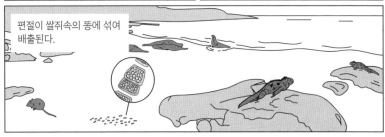

그림9. 라일리에티나속 조충의 생활사.

충 종과 가장 가까운 친척일 수 있음을 의미했다.

세 번째 가설은 라일리에티나속 조충 가운데 적어도 한 종이 개미를 중간숙주로 삼는다는 관찰 결과에서 나왔다. 갈라파고스섬에는 고유종 개미 12종이 서식하며, 이 섬에서 유명한 핀치새finch가 조충의 고유숙주 역할을 했을 수 있다. 조충은 역사의 어느 시점에 오늘날 생태 적응이라 불리는 과정에 참여했을지 모른다. 적절한 선택압을 받는 환경에서 조충은 개미에서 새로 갈아타는 대신, 개미에서 설치류로 갈아타며 감염 경로를 수정했을 것이다. 이처럼 경쟁하는 가설들을 평가하기 위해 기생충학자는 분자생물학 정보를 수집하고 있으며, 갈라파고스 쌀쥐속에 기생하는 라일리에티나속 조충의 기원은 아직 수수께끼로 남아 있다.

기생충학자는 기생충과 숙주의 밀접한 상관관계를 오랫동안 추적했다. 기생충은 대부분 숙주와 함께 진화한다. 고유숙주가 새로운 장소로 이동하면, 기생충은 살아남기 위해 새로운 환경에서 적합한 중간숙주를 찾아야 한다. 때때로 기생충은 차선책, 즉 기존 숙주와 가까운 친척 관계인 중간숙주를 운 좋게 찾는다. 북극여우가 세인트로렌스섬으로 데려온 조충은 익숙한 중간숙주와 종이 같은 현지 밭쥐에 쉽게 정착했다. 밭쥐의 개체 수가 폭발적으로 증가하는 동안, 조충은 낯설긴 하지만 북극여우와 친척 관계인 썰매 개에도 침투했다. 갈라파고스에서 쌀쥐속에 기생하는 조충은 아마도 중간숙주를 어느 개미 종에서 다른 종으로 갈아탔을 것이며, 고유숙주 또한 곰쥐에서 토종 쌀쥐속으로 바꾸었을 것이다. 이는 기생충이 변화한 환경에 적응하는 과정에서 숙주를 한 종에서 다른 종으로 신속하고 수월하게 갈아탄 사례다. 이처럼 한 단계씩 서서히 진행되는 생태 적응은 기생충이 불안정한 세상에서 살아남는 방식이다.

11장.
모래 언덕 속 다양성

기생충은 군집생태학에서 중심적인 역할을 한다. 어떤 생태계든 기생충을 고려하지 않으면 먹이 사슬을 제대로 이해할 수 없다. 기생충은 일반적으로 자신보다 큰 생물을 감염시키는 소비자다. 때로는 여러 기생충이 같은 숙주에 기생하며 그들만의 군집을 형성한다. 맨터 기생충학 연구실 소속 과학자들은 네브래스카주 샌드힐스Nebraska Sandhills에 서식하는 생물 군집의 상호 관계망을 조사하고 빈칸을 채우려 시도했다.

네브래스카주 전체 면적의 4분의 1을 차지하는 샌드힐스는 주의 중북부를 가로질러 뻗어 있는데, 안정화된 사구sand dune 위에 펼쳐진 전 세계에서 가장 넓은 혼합 초원mixed prairie[1]이다. 오래전 로키산맥에서 흘러나온 강물에 휩쓸려 퇴적된 모래는 바람을 타고 움직이다가 한쪽에 쌓여 사구를 형성했고, 사구는 풀이 뿌리를 내리고 자라면서 안정화되었다. 완만하게 굽이치는 모래 언덕과 축축한 습지 사이로 작고 얕은 호수 약 1,000개가 곳곳에 자리한다. 이 독특한 생태계에 새, 포유류, 파충류, 물고기 300여 종이 산다. 코요테와 족제비, 붉은여우는 이 지역에 풍부하게 서식하는 밭쥐와 생쥐를 찾아 사냥하거나, 사체를 먹는다. 노새Mule 와 흰꼬리사슴white-tailed deer, 가지뿔영양[2]은 700여 종의 풀과 잡초를 닥치는 대로 먹는다. 검은발족제비Black-footed ferret, 오소리, 라쿤, 주머니쥐, 스컹크는 기회를 틈타 작은 동물과 곤충을 잡아먹는다. 초원뇌조Prairie chicken, 해변종다리horned lark, 캐나다두루미sandhill crane는 씨앗과 곤충을 찾아 헤맨다. 돼지코뱀Hognose snake은 두꺼비와 개구리를 잡아먹고, 흰방울뱀white rattlesnake은 소형 포유류를 사냥한다. 킬리피시, 메기, 농어 등 작은 물고기는 알칼리성 호수에서 살아남기 위해 분투한다. 땅거미가 내려앉은 저녁에는 올빼미 7종과 박쥐 11종이 하늘에서 영역 다툼을 한다. 이 놀라운 생물 다양성 안에서, 기생충은 상호 관계망의 거의 모든 교차점마다 자리 잡고 자기 목소리를 낸다.

샌드힐스에서 기생충은 서식하는 모든 설치류 종에 기생하

---

1 키 큰 식물이 자라는 초원과 키 작은 풀이 자라는 초원의 중간 지대에 해당함 — 옮긴이 주.
2 북아메리카 토종 동물로 발굽이 있는 포유류에 해당한다. 빠른 달리기 속도로 세계에서 손꼽히는 육지 동물이며, 살아 있는 가장 가까운 친척은 기린이다.

그린란드

캐나다

미국

멕시코

샌드힐스

네브래스카주

링컨 ●

해럴드 W. 맨터
기생충학 연구실

지도3. 네브래스카주 샌드힐스 지도

는데, 설치류는 현재까지 살아남은 포유동물군 중에서 가장 많고 다양한 생물종을 포함한다. 비버와 사향쥐muskrat는 개울에서 영역 싸움을 하고, 프레리도그prairie dog는 무리 지어 살고, 캥거루쥐kangaroo rat는 뱀을 피해 깡충 뛰며, 밭쥐와 흰발생쥐는 풀밭에 통로를 낸다. 설치류는 육지에서 육식동물 먹이 사슬의 토대가 된다. 뿐만 아니라 뻐드렁니 부문 우승자이기도 하다. 모든 설치류는 커다란 앞니(윗니 2개와 아랫니 2개)가 끊임없이 자라고, 송곳니가 없어서 앞니와 어금니 사이에 넓은 공간이 있는 점이 특징이다. 설치류는 백악기 말에 일어난 대변동의 충격에서 살아남은 포유류 후손들이 영위했던 유연한 생활 방식을 상징한다. 몸집이 작고 1년간 3~4번 번식하는 능력을 지닌 덕택에, 설치류는 고난의 시기에도 끈질기게 살아남을 수 있었다. 이들의 강인함은 모든 현생 포유류의 약 40%가 설치류라는 사실에 반영된다.

샌드힐스에 서식하는 설치류 중에는 메뚜기쥐grasshopper mouse가 눈에 띈다. 메뚜기쥐는 딱정벌레와 귀뚜라미를 비롯한 온갖 곤충을 우적우적 씹어먹는다. 메뚜기쥐는 다른 종의 쥐를 기습해 머리 뒤쪽에서 붙잡은 다음 앞니를 송곳칼처럼 써서 머리뼈를 뚫는다. 메뚜기쥐가 구사하는 다양한 포식 방법은 어린 시절 습득하는 것으로 보인다. 메뚜기쥐는 위 내층이 튼튼해서 소화시키기 힘든 절지동물의 키틴질chitin도 섭취할 수 있다. 이들은 바람 부는 사구의 초원 식물과 건조 지대 관목에 널리 분포하며, 고음으로 찍찍거리거나 날카로운 휘파람 소리를 내는 등 기묘한

음을 퍼뜨리면서 서로 의사소통한다. 곤충이 부족한 겨울이면 메뚜기쥐는 풀과 씨앗을 거리낌 없이 먹는다. 그리고 굴den을 좋아하는 습성이 있어서 버려진 땅다람쥐 굴을 발견하면 점령하고, 필요할 때면 기꺼이 자기 굴을 판다. 일단 자리를 잡으면, 메뚜기쥐는 굴마다 상세하게 용도를 정한다. 이를테면 습기가 차지 않도록 처리한 둥지 굴, 씨앗을 보관하는 저장 굴, 배설물을 모아두는 배변 굴, 심지어 영역의 경계를 알리는 경고 페로몬 냄새가 풍기는 표지판 굴도 있다.

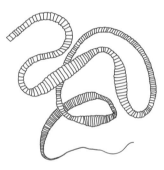

그림 G.13. 쥐조충

과학자들은 샌드힐스에서 기생충을 조사한 결과, 작지만 거친 포식자 메뚜기쥐 몸속에 아직 알려지지 않은 조충 종이 살고 있음을 발견하고 놀랐다. 이 조충 표본은 전 세계에서 흔히 발견되는 쥐조충*Hymenolepis diminuta*이라는 이름으로 맨터 기생충학 연구실에 보관되어 있었다. 어떤 생물종의 특별한 점은 추후 다시 조사되지 않는 한 영영 알려지지 않는다. 발견한 것과 동일한 조충이 다른 메뚜기쥐에서도 발견되었을 때, 과학자들은 그것이 새로운 조충은 아닌지 의심하기 시작했다. 새로운 조충 종 히메놀레피스 로베르트라우스키*Hymenolepis robertrauschi*는 기생충학자 로버트 라우시의 이름을 따 명명되었으며, 가드너가 그 특징을 기술했다. 히메놀레피스 로베르트라우스키는 현재 네

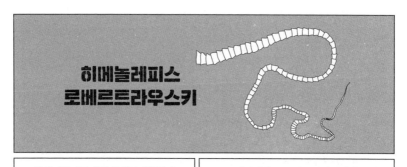

히메놀레피스 로베르트라우스키

알이 메뚜기쥐의 똥에 섞여 배출된다.

딱정벌레 또는 다른 중간숙주가 쥐똥을 먹고 감염된다.

알에서 부화한 육구자충oncosphere이 장벽을 뚫고 들어간다.

육구자충이 딱정벌레 체내에서 낭미충으로 발달한다.

메뚜기쥐가 딱정벌레를 잡아먹는다.

낭미충이 메뚜기쥐의 장에서 성충으로 발달하고 짝짓기한다.

알이 메뚜기쥐의 똥에 섞여 배출된다.

그림10. 히메놀레피스 로베르트라우스키의 생활사.

브래스카주부터 미국 대평원Great Plains을 거쳐 뉴멕시코주에 이르기까지, 숙주인 북부메뚜기쥐가 발견되는 곳이면 어디든 분포한다고 알려져 있다.

조충의 수수께끼는 어떤 방식으로 만들어질까? 과학자가 조충의 생활 방식에 관한 단서를 보고 의문을 제기할 때, 수수께끼는 만들어진다. 히메놀레피스 로베르트라우스키의 경우는 중간숙주가 수수께끼였다. 흔히 발견되는 쥐조충의 알은 갈색거저리Tenebrio molitor의 유충, 즉 밀웜mealworm에서 발달한다. 밀웜은 쥐조충의 고유숙주인 설치류에게 잡아 먹히고 쥐조충의 유충을 전달하는 중간숙주다. 그런데 히메놀레피스 로베르트라우스키의 알은 밀웜에서 잘 발달하지 않으므로, 더욱 적합한 다른 중간숙주가 있을 것이다. 그러나 이들의 중간숙주는 아직 규명되지 않았다.

수수께끼는 여기서 끝나지 않는다. 북부메뚜기쥐는 버려진 땅다람쥐 굴에서 사는 경우가 많은데, 북부메뚜기쥐와 땅다람쥐는 완전히 다른 기생충 집단을 갖는다. 북부메뚜기쥐의 장에는 조충과 선충, 대장 내층에 단세포 원생생물인 구포자충속이 있다. 샌드힐스의 땅다람쥐는 북부메뚜기쥐 주변에서 살지만, 어떤 기생충도 공유하지 않는다. 두 포유류 숙주가 기생충을 공유하지 않는 수수께끼를 풀기 위해, 기생충학자들은 숙주 종이 영위하는 생활 방식과 상호작용하는 생물 군집을 조사했다. 그러한 군집에서 중추 역할을 하는 생물은 땅다람쥐이며, 땅다람쥐를 이해하려면 땅속으로 가야 한다.

샌드힐스는 지상에서도 분주해 보이지만, 지표면 아래에서 일어나는 일과 비교하면 아무것도 아니다. 끊임없이 휘저어지는 모래 속에서 소형 포유류 50여 종이 보금자리를 마련하며 지하철 공사장 인부처럼 쉴새 없이 흙을 헤치고 굴을 판 다음 확장한다. 샌드힐스에 서식하는 모든 포유류 가운데 굴 파기 부문 우승자는 땅다람쥐로, 이 작지만 강인한 포유류는 땅속에서 열렬히 작동하는 쟁기로 변신한다. 추측에 따르면, 땅다람쥐는 샌드힐스 전체를 수천 년 동안 10~20번 정도 구석구석 뒤집어엎는다. 이 지역은 광활한 비경작 초원으로 손꼽히지만, 지표면과 지하에서 끊임없이 갈아엎어지고 있다.

땅다람쥐는 41종이 알려져 있다. 캐나다 남부부터 콜롬비아의 리오아트라토Rio Atrato강 강둑까지 분포한다. 땅다람쥐는 북아메리카로 이주해 지상의 캥거루쥐와 주머니쥐, 지하의 땅다람쥐로 분화된 설치류 선조에서 유래했다. 모든 땅다람쥐는 본래 북아메리카 토종 동물로, 내부에 털이 돋은 독특한 볼주머니cheek pouch를 활용해 먹이를 운반한다.

샌드힐스 지상으로 올라가면 흙더미가 여기저기 무작위로 나타나는 모습이 관찰된다. 이는 상황에 따라 수시로 변화하는 절묘한 출입구로, 방대한 굴 연결망을 잇는다. 풀 줄기가 휘청이다가 갑자기 사라지는 모습도 관찰되는데, 이는 먹이를 찾는 땅다람쥐가 풀을 지하로 잡아당긴 결과다. 땅다람쥐 군집이 수천

제곱킬로미터에 달하는 땅을 뒤집어엎을수록, 샌드힐스의 토양은 공기가 공급되며 비옥해진다. 이 같은 방식으로, 땅다람쥐는 초원 식물이 끊임없이 변화하는 환경에 적응하며 천이succession[3]가 느리게 일어나도록 돕는다.

땅다람쥐는 수 센티미터에서 0.5미터가 넘는 깊이로 땅 표면과 평행하게 굴을 판다. 굴은 새끼를 키우는 안전한 장소이자 식물을 밑에서 잡아당겨 채집하는 장소인 까닭에, 땅다람쥐는 일생 대부분을 지하에서 보낸다. 굴의 전형적인 구조는 끊임없이 긴 터널에 작은 방이 나뭇가지처럼 갈라져 나온 형태다. 풀과 먹이 식물의 뿌리 아래로는 얕은 터널이 뚫려 있고, 온도와 습도가 안정적이어야 하는 둥지 굴과 먹이 저장 굴은 깊은 터널과 연결된다. 배변 굴, 배수구, 환기 굴뚝과 연결된 터널도 있다. 굴은 터널 간의 거리가 수 센티미터에 불과한 3차원 연결망을 형성한다. 땅다람쥐는 밤낮으로 쉬지 않고 새로운 굴을 파거나 오래된 굴을 막으며 굴의 구조를 역동적으로 바꾼다. 이러한 구조의 변화는 지하에서 새로운 먹이 채집 장소를 만들고, 영역을 방어하고, 새끼를 키우는 땅다람쥐의 습성을 반영한다. 겨우내 땅이 얼어도 땅다람쥐는 지하에서 생활한다. 이들에게 가장 취약한 시기는 달이 뜨지 않는 밤에 짝을 찾거나, 성체와 새끼들이 흩어져 이동하며 새로운 굴을 파는 때다. 올빼미 펠릿pellet[4]을 조사하면 전 연령

---

3 특정 지역의 식물 군락이 환경 변화에 따라 새로운 군락으로 변천하는 과정 — 옮긴이주.

대의 땅다람쥐가 상당수 발견되는데, 이는 굴을 떠나는 행동이 땅다람쥐에게 얼마나 위험한지를 증명한다.

땅다람쥐는 말 그대로 기생충의 '생명의 나무'를 몸에 지닌 사육사이다. 피부와 털에 벼룩, 이, 응애, 단세포 원생생물인 구포자충속, 그리고 장 내층에 여러 종의 조충과 선충, 구두충이 존재한다. 무임승차자 대부분은 털북숭이 숙주에게 지속적인 해를 주지 않는다. 그러나 너무 많은 진드기는 예외로, 땅다람쥐가 가려움을 느껴 쉴 새 없이 긁어댄 끝에 피부에 상처가 생기면 옴mange[5]에 걸릴 수 있다. 다른 포유류와 마찬가지로, 땅다람쥐에는 너무도 많은 생물이 사는 까닭에 하나의 개체라는 개념이 성립되지 않는 것처럼 느껴진다. 샌드힐스에 사는 모든 땅다람쥐의 수보다 땅다람쥐 한 마리에 사는 세균과 바이러스의 수가 더 많다. 이는 미생물에만 해당하는 현상이 아니다. 땅다람쥐에서 발견되는 기생충류 중 하나인 선충류를 예로 들면, 땅다람쥐에서는 선충류 관련 종이 집단으로 발견되며, 이 기생충들은 숙주 몸속에서 자신만의 생태적 지위niche[6]를 제각기 차지한다.

샌드힐스 땅다람쥐 한 마리를 집에 비유하면, 선충류 한 종은 거실에서, 다른 한 종은 부엌에서, 또 다른 종은 각 침실에서 발견될 것이다. 어떤 종은 개구멍에서 꿈틀거리고, 다른 어떤 종

---

4 일부 조류 종이 먹이를 소화시키지 못하고 토한 덩어리 — 옮긴이주.
5 피부에 굴을 파는 옴진드기가 원인으로, 심각한 탈모를 유발한다.
6 생물 군집 내에서 특정 종이 수행하는 역할을 설명하는 생태학적 용어이다.

은 정원에서 누군가가 자신을 데려가기를 기다릴 것이다. 실제로 각 선충 종은 땅다람쥐에서 저마다 선호하는 위치가 있다. 일부는 위에 머무르고, 다른 일부는 소장을 특히 좋아하며, 또 다른 일부는 소장과 대장 사이에 있는 작은 주머니인 맹장[7]을 선호하고, 그 밖의 일부는 체강에 산다. 몸 전체에 수없이 많은 선충이 있으면, 건강하지 않은 땅다람쥐라고 의심받을 수도 있다. 그러나 기생성 선충류는 대개 숙주 내부에서 조용히 산다.

땅다람쥐와 기생충은 여러 세대를 거치며 상대에게 익숙해졌고, 몇몇 경우는 서로에게 의존해 건강한 삶을 산다. 예를 들어 선충 란소무스 로덴토룸*Ransomus rodentorum*은 거의 모든 땅다람쥐의 맹장에서 발견되며, 땅다람쥐가 섭취한 식물성 먹이가 분해되도록 혐기성 소화 작용을 돕는다. 땅다람쥐의 체강에 사는 필라리오이드*filarioid*[8] 선충류는 공생자인 볼바키아속 세균의 도움으로 영양분을 흡수한다. 필라리오이드 선충류는 대부분 볼바키아속 세균에 의존해 진화했고, 이 세균이 없으면 번식도 생존도 할 수 없다. 각 선충 종은 고유의 볼바키아속 세균을 지닌다. 땅다람쥐 몸속에 안락하게 자리 잡은 선충과 볼바키아속 세균은 초대장을 받고 머무르는 얌전한 한 쌍의 손님과 같다.

메뚜기쥐는 땅다람쥐가 버린 굴을 이용하지만, 두 설치류가

---

7 포유류의 소장과 대장이 만나는 지점에 있는 주머니 형태의 구조물이다.
8 몸의 두께가 얇고 길이가 긴 선충류로, 숙주의 조직에 살다가 절지동물 매개체를 거쳐 다른 숙주로 옮겨 간다.

기생충을 공유하지 않는 이유는 여전히 수수께끼로 남아 있다. 메뚜기쥐와 땅다람쥐는 업무 일정이 다른 직업에 종사하는 이웃 같아서, 서로 거의 접촉하지 않는다. 두 설치류는 모든 면에서 서식지를 공유하지만 지극히 다른 방식으로 이용하며 별개의 생태적 지위를 확보했다. 메뚜기쥐는 곤충을 사냥하는 데 더 많은 시간을 보내고, 땅다람쥐는 지하 피난처에서 식물을 잡아당기는 데 몰두한다. 이러한 행동과 생태의 차이는 두 설치류와 기생충 간의 관계 형성에도 영향을 주며, 따라서 이들의 기생충 집단은 서로 극명하게 달라졌다. 이러한 과정을 거치며, 기생충의 숙주 특이성은 시간이 흐를수록 점진적으로 변화하는 대신에 생태학적 차이를 바탕으로 굳건히 유지된다. 포유류 숙주가 아닌 기생충의 생태적 지위에 초점을 맞추면, 기생충이 이전과 다르게 보이기 시작한다. 메뚜기쥐의 장에 살면서 정기적으로 죽은 곤충을 공급받는 기생충과 땅다람쥐의 장에 살면서 식물을 공급받는 기생충은 생태적 지위가 사뭇 다르다. 이처럼 기생충과 숙주는 시간 및 공간 요소가 맞물리며 형성된 고유의 생태적 지위를 바탕으로 작은 생태계를 구축한다.

네브래스카주 샌드힐스는 풍경이 끊임없이 변화한다. 과거에 일어난 지질학적 사건으로 만들어진 사구와 초원은 비와 바람, 가뭄의 영향을 받아 지속적으로 새롭게 생성되고 변화한다.

그림 G.35.
란소무스 로덴토룸

기생충의 숙주는 그러한 변화에 민감하게 반응하며 선호하는 먹이를 바꾸거나, 새로운 구역으로 이동하거나, 멸종을 맞이한다. 포유류에 사는 기생충은 그러한 변화를 추적하며 가능한 한 변화에 순응하고, 숙주와 함께 새로운 장소로 이동하거나, 새로운 숙주로 갈아탄다. 오늘날 단기적인 날씨 변화는 그보다 훨씬 장기적인 기후 변화 과정의 일부다. 샌드힐스에 서식하는 설치류와 그들의 기생충에게 익숙한, 습하고 건조하며 바람이 부는 기후는 연간 주기를 예측하기가 점점 더 어려워지고 있다. 이러한 기후 변화는 같은 터널에 거주하는 익명의 동거인이든, 기생충과 숙주든, 과거의 진화 역사와 생태로 묶인 생물들이 앞으로 맞이할 새로운 선택압을 시사한다.

12장.
키스벌레와
뻐드렁니감자

기생충은 때때로 까다롭게 숙주를 고른다는 점에서 전문종 specialist specie[1]의 전형적인 사례다. 수많은 기생충 종이 숙주 특이성을 보이고, 처음 정착한 안락한 지역에서 절대 벗어나지 않는다. 기생충은 여러 생존 전략을 구사한다. 기생은 다양한 생물에서 진화한 생활 방식이며, 기생생물 자체도 끊임없이 진화한다. 일부 기생충은 자기 습성을 마지막까지 고수하지만, 다른 일부 기생충은 유연하게 변화한다. 기생충은 적당한 시기가 오면 기회를 잡아 숙주를 갈아타며, 숙주가 멸종하더라도 살아남는다고 알려졌다. 어떤 기생충은 숙주가 지역을 이동할 때 함께 옮겨져 새로운

---

1 특정 환경에서 서식하거나 특정 먹이만 섭취하는 종 — 옮긴이주.

장소에서 발견된다. 다른 기생충은 한 숙주에서 다른 숙주로 차츰 이동하며 분포 범위를 넓힌다. 한 가지 확실한 사실은, 기생충은 진화 역사를 통틀어 고정된 숙주에 기생하며 고정된 지역에 머무르는 정적인 생물이었던 적이 거의 없다는 점이다.

남아메리카에서 발견되는 기생성 편모충flagellate인 크루스파동편모충*Trypanosoma cruzi*은 단세포 원생생물로, 채찍처럼 생긴 편모flagellum를 써서 이동하며 인간을 비롯한 포유류의 혈액과 기관에서 산

그림 G.41.
크루스파동편모충

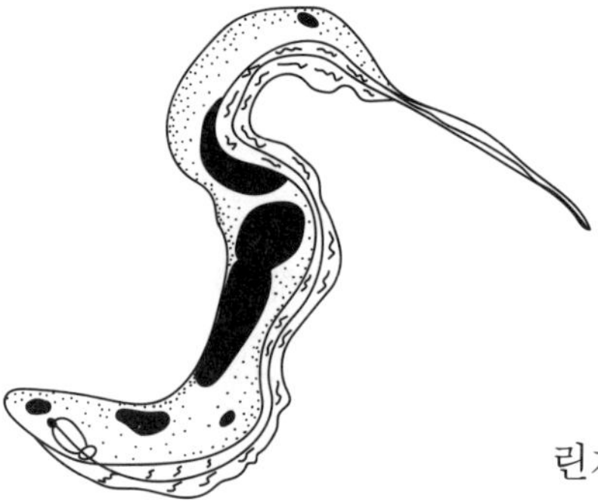

다. 남아메리카와 중앙아메리카 전역에 서식하는 수많은 포유류 종에서 흔히 관찰되는 크루스파동편모충은 흡혈곤충인 침노린재과*Reduviidae*에 속하는 키스벌레kissing bug[2]가 퍼뜨린다. 이 기생충은 곤충이 배출한 똥이나 오염된 과일, 수혈 또는 장기 이식으로 전파되거나 임신부에서 태아로 직접 전염된다. 크루스파동편모충에 감염되면 샤가스병에 걸리며, 이 질병은 라틴아메리카 인구 800만 명의 건강을 해치고 매년 수천 명의 목숨을 앗아간다.

샤가스병은 환자가 인지하지 못한 상태로 수년간 지속될 수

---

2 노린재목 침노린재과에 속하는 곤충으로, 동물의 피를 빨아 먹고 산다.

있다. 키스벌레는 일반적으로 배가 가득 찰 때까지 피를 빠는 동안 사람 피부에 똥을 배출한다. 그러면 피부의 긁힌 상처나 점막을 통해 크루스파동편모충이 사람에게 전염된다. 감염된 사람은 이 기생충을 아주 오랫동안 보유하고, 치료 없이는 좀처럼 제거할 수 없으며, 심지어 기생충 탓에 심장과 다른 장기가 심각하게 손상될 수 있다. 유명한 크루스파동편모충 감염자는 찰스 다윈으로, 그는 남아메리카 탐험 도중 감염된 것으로 보이며 죽기 전까지 샤가스병을 앓았다. 크루스파동편모충 감염을 막는 백신은 아직 개발되지 않았다. 감염 치료는 질병이 만성화되기 전 초기 단계에만 효과가 있다. 샤가스병은 이미 여러 남아메리카 국가에 널리 퍼졌지만, 매개체인 키스벌레를 통제하고 대규모 질병 진단·치료 사업을 수행하는 등 질병 퇴치를 위한 다양한 활동이 전개되고 있다.

크루스파동편모충의 진화 역사는 대략 3억 년 전에 존재한 고대 남반구 초대륙인 곤드와나Gondwana에서 살았던 선조 기생충으로 거슬러 올라간다. 남아메리카가 형성되면서 크루스파동편모충의 친척들은 짐작건대 어류와 양서류를 감염시켰고, 이후 분화하여 주머니쥐, 아르마딜로, 다람쥐, 박쥐, 원숭이 등 포유류를 감염시켰을 것이다. 10,000여 년 전 고대 인류는 남아메리카에 도착한 뒤 진흙과 식물로 지은 원시 주거지 또는 동굴에서 생활했고, 이러한 생활 환경은 키스벌레에게도 훌륭한 생활 공간과 은신처를 제공했다. 남아메리카에서 크루스파동편모충이 초기에 인간을 감염시켰다는 증거는 칠레의 9,000년 전 고고학 유적지에서 발굴한 친초로Chinchorro 미라에서 나왔다.

키스벌레는 따뜻하고 습한 기후를 선호하므로, 지구 온난화가 계속될수록 이들의 서식지는 새로운 지역으로 확장된다. 지난 수십 년간 키스벌레의 서식지는 북쪽으로 이동했고, 현재는 미국에서도 크루스파동편모충의 존재가 확인된다. 미국에서는 크루스파동편모충의 항체가 숲쥐woodrat에서 발견되고, 줄무늬스컹크striped skunk, 라쿤, 목화쥐속cotton rat, 바위다람쥐rock squirrel, 곰쥐, 생쥐, 흰발생쥐 등 다양한 쥐에서도 낮은 빈도로 확인된다. 2014년에는 미국에서 키스벌레 11종이 발견되었다. 미국의 중심부에 가로선을 그으면, 그 선을 기준으로 남쪽에 자리한 모든 주에는 키스벌레가 서식하며 이들 대부분이 크루스파동편모충을 지닌다. 즉, 키스벌레와 그 기생충이 유타주와 펜실베니아주와 캔자스주에서는 발견되지만 아이다호주와 뉴욕주에서는 발견되지 않고, 최근에는 캔자스주에서도 발견된다.

이러한 서식지 변화는 곤충 매개체가 분포 범위를 북쪽으로 새롭게 확장하면서 기생충도 함께 옮겨가는 다소 단순한 사례처럼 보인다. 그러나 크루스파동편모충은 비교적 오랫동안 미국 남부에서 조용히 살아왔다고 밝혀졌다. 텍사스주 리오그란데 지역에서 발굴된 3,000년 전 인간 미라는 크루스파동편모충에 감염되어 있었는데, 리오그란데 지역의 동굴에는 사람은 물론 크루스파동편모충의 보편적인 포유류 숙주인 숲쥐도 살았으므로, 숲쥐 가까이 서식하던 키스벌레가 사람에게 크루스파동편모충을 옮겼을 가능성이 크다. 텍사스주는 크루스파동편모충이 서식 가능한 지역의 경계였기 때문에, 이 기생충이 존재할 수는 있으나 번성하거나 분포 범위를 확장할 수는 없었을 것이다. 그런데 기후 변화가 그 경계를 조금씩 허물고 있다. 기후가 따뜻해질수록 키스벌레는 더욱 적합한 서식지를 찾아 북쪽으로 이동하므로, 전망하건대 미국 내 샤가스병 환자는 분명 증가할 것이다.

기생충의 지리적 분포를 암시하는 단서는 복잡하게 이동하는 숙주에서 발견된다. 잠재적 숙주가 한 장소에서 탄생한 뒤 지질 시대를 거치는 동안 그 자리에 머무르는 경우는 거의 없다. 대륙은 끊임없이 움직이고, 식물과 동물은 특정 장소에서 번성하다가 환경이 다소 나아지면 다른 장소로 이동하는 경향이 있다. 우연히 이동한 생물이 훗날 완전히 새로운 계통을 탄생시키거나, 기후 변화를 겪은 생물들이 최초로 한 지역에 모이기도 한다. 잠재적 숙주 종이 직면하는 변화는 기생충에게 일련의 변화를 불러온다.

남아메리카는 동물의 이동, 특히 포유류 숙주와 기생충의 이동을 연구하기에 가장 매력적인 대륙이다. 안데스산맥, 파타고니아초원, 아마존 열대우림, 강으로 양분되는 계곡과 능선 등 지리적 특성이 개체군을 고립시키고 새로운 종을 탄생시키며 생물 다양성 집중 지역hot spot을 형성한다. 약 1억 년 전 남아메리카는 남반구 초대륙 곤드와나에서 떨어져 나와 서쪽으로 이동하여 섬이 된 이후, 4,000만 년 동안 그 자리에 머물렀다. 포유류는 남아메리카에서 번성하며 독특하고 다채로운 동물군을 형성했고, 이러한 남아메리카 동물군 중에서는 발육이 불완전한 상태로 태어난 새끼를 주머니에서 기르는 능력과 독특한 이빨이 특징인 유대류marsupial[3]가 다수를 차지한다. 오늘날 남아메리카와 중앙아메리카에는 유대류 100여 종이 서식한다.

남아메리카 동물군에는 유대류뿐만 아니라 개미핥기, 나무늘보, 아르마딜로 등 빈치류Xenarthra를 포함한 다양한 동물을 아우르는 태반포유류placental mammal[4]도 있다. 초기 태반포유류로는 역사를 통틀어 가장 단단히 무장한 포유류로 짐작되는 글립토돈, 일어서면 키가 3미터를 넘으며 사람처럼 두 발로 걸을 수 있었던 대형땅늘보giant ground sloth 등이 있다. 대륙이 이동하고 해수면이 변동할수록, 남아메리카 포유류에서 발견되는 놀라운 생물학적 다양성이 증가했다. 약 3,800만 년 전 남아메리카와 아프리카 사이의 거리는 약 1,500킬로미터로, 갈라파고스 제도와 남아메리카 본토 사이의 거리보다 조금 더 멀었다. 따라서 갈라파고스로 이주한 동물군처럼 기회주의적 면모를 보이는 여러 생물이 상륙해 생존하고 번식한 결과, 남아메리카의 생물 다양성이 놀랄 만큼 확대되었다.

---

3 발육이 불완전한 상태로 태어난 새끼를 주머니 안에서 키우는 포유류다.
4 배아와 태아가 모체의 자궁에서 발달하고 태반을 통해 영양소를 공급받는 포유류다.

판이한 포유류 두 종이 아프리카에서 출발해서 약 1,500킬로미터를 이동해 남아메리카에 도착했다. 꼬리가 길고 코가 납작한 영장류 무리는 자원이 풍부한 숲우듬지에 집을 지었고, 오랜 세월에 걸쳐 남아메리카 원숭이 계통을 전부 탄생시켰다. 영장류 이주민 무리가 나무에 살았던 그 지역에서, 근래에 도착한 또 다른 포유류가 땅에 서식했다. 이는 천축서소목caviomorph이라는 설치류로 남아메리카 전역에서 생태적 지위를 확보했다. 뉴트리아와 카피바라는 얕은 물에서 헤엄치고, 파카paca[5]와 아구티agoutis[6]는 숲바닥을 기어다니며, 작고 기묘한 투코투코류tuco-tuco[7]는 굴을 파고 산다. 아프리카에서 온 동물들은 남아메리카 생태계의 틈새에 대부분 잘 적응했고, 그 결과 남아메리카 포유류 다양성은 큰 폭으로 증가했다.

남아메리카에 도착한 영장류와 설치류는 현지의 동물군을 풍부하게 만들었지만, 폭넓은 생태학적 혼합은 아직 시작되지 않았다. 300만 년 전 어느 시점에, 대륙 이동은 남아메리카와 북아메리카 사이에 오늘날 파나마 지협Isthmus of Panama이라고 불리는 육로를 형성했다. 이 육로는 남북 아메리카가 동물을 서로 교환

---

5 파카속 Cuniculus에 속하는 대형 설치류로 중앙아메리카와 남아메리카 토종 동물이다. 이들은 흰색 점무늬와 줄무늬가 있는 독특한 털가죽을 지닌다.

6 호저 및 기니피그와 친척인 대형 설치류다. 멕시코부터 남아메리카에 이르는 열대 지역에 산다.

7 투코투코속에 속하고 지하에 서식하는 소형 설치류로, 남아메리카 남부의 굴을 파기에 적합한 지역에서 발견된다.

하는 통로 역할을 했다. 주머니쥐, 고슴도치, 아르마딜로, 재규어
는 북쪽으로 이동했고, 사슴, 곰, 개, 라마, 다람쥐, 코끼리, 쥐는 남
쪽으로 이동했다. 생태학적 쟁탈전에서 천축서소목 동물은 훌륭
한 성과를 거두며 수많은 종으로 계속 분화했다.

　남아메리카 포유류 역사는 동물군 전체가 비교적 고립된 상
태에서 진화한 뒤, 지질학적 변화로 새로운 종이 유입되며 대변동
이 일어난 사례로 유명하다. 그런데 기생충의 분포는 기생충 자체
의 적응 여부는 물론 적합한 숙주의 존재 여부에 따라서도 달라
진다. 남아메리카 포유류가 다양해질수록, 기생충도 새로운 숙주
에서 생태적 지위를 확장했다. 그러나 최근 남아메리카 포유류에
얽힌 이야기가 밝혀지기 시작하는 동안, 그에 상응하는 포유류
기생충의 이야기는 사실상 연구되지 않았다.

　1984년 미국 국립과학재단의 지원을 받아 볼리비아 포유류
를 연구하기 위해 연구팀이 결성되었다. 이 연구팀은 걸출한 과
학자 두 명이 이끌었다. 한 명은 뉴욕에 설립된 미국 자연사박물
관 포유류부 소속 큐레이터 시드니 앤더슨Sydney Anderson이었고,
다른 한 명은 뉴멕시코대학교 사우스웨스턴생물학박물관 소속
포유류학자 테리 L. 예이츠였다. 그로부터 10년 후, 예이츠는 미
국 남서부에서 치명적인 한타바이러스의 근원을 발견한 인물로
유명해졌다. 당시에는 볼리비아 포유류가 널리 알려지지 않았으
므로, 연구 초기에 현장 연구팀은 라파스에 자리한 볼리비아 과
학아카데미 소속 과학자인 가스톤 베하라노Gaston Bejarano와 아르

지도4. 볼리비아 지도

만도 카르도소Armando Cardozo와 공동 연구했다. 연구팀의 첫 번째 현장 기지는 라파스 남서쪽 자동차로 2시간 거리에 자리한 대규모 낙농장인 란초우앙카로마Rancho Huancaroma에 마련되었다. 과학자들은 낙농장 지역 학교에 실험실을 설치하고, 호기심 많은 아이들에게 정기적으로 과학 정보를 공유했다. 연구팀은 20년에 걸처 공동 연구하며 알려진 볼리비아 포유류 종의 수를 4배 늘렸고, 현재 그 수는 410종에 달한다.

연구팀은 대개 포유류를 포획하고 준비하는 데 시간을 보냈지만, 팀의 일원이었던 대학원생 스콧 가드너는 채집된 포유류 안에서 발견되는 기생충에도 관심을 가졌다. 그리고 천축서소목에 속하며 뻐드렁니가 난 작은 감자처럼 생긴 투코투코류의 내부 기생충에 집중하기로 했다. 북아메리카의 땅다람쥐와 마찬가지로, 투코투코류는 지하에 터널을 뚫어 거대한 굴을 구축하고 그곳에서 평생을 보내며 식물 뿌리와 싹을 먹고 산다. 투코투코류는 발톱이 달린 앞발로 땅을 파면서 앞니로 단단한 흙을 깎아내는 독특한 방식으로 굴을 뚫는다. 투코투코류의 뒷발에는 단단한 강모로 변형된 털이 돋아서, 불도저처럼 굴 주변이나 밖으로 성긴 흙을 밀어낼 때 도움이 된다. 투코투코류는 갈라파고스에 서식하는 다윈의 핀치와 비교되는데, 투코투코류 70여 종이 저마다 선호하는 서식 환경에 따라 물리적 형태도 변화했기 때문이다. 일부 투코투코류는 저지대 초원에서, 다른 일부는 고지대 산비탈에서 굴을 판다. 뿐만 아니라 어느 종은 염색체를 고작 10개 지니고, 다른 종은 염색체를 70개나 지니는 등 유전적 다양성이 높다. 그런데 모든 투코투코류는 함께 사는 기생충이 풍부하다는 한 가지 공통점을 공유한다.

가드너는 첫 번째 투코투코의 배를 갈랐을 때, 대장에서 주머니처럼 부풀어 있는 부위이자 셀룰로오스를 분해하는 기관인 맹장에서 기생충을 발견했다. 발견한 기생충의 내부 구조가 커다란 스포이트처럼 생긴 까닭에, 가드너는 처음에 이 침입자를 흔한 선충류인 요충으로 생각했다. 그러나 실제로는 당시에 단 한 종만 알려져 있었던 가장 희소한 선충류인 파라스피도데라 웅키나타*Paraspidodera uncinata*를 우연히 발견한 것이었다. 가드너는 파라스피도데라속 선충류를 주제로 박사 학위 논문을 썼다. 나중에는 광활한 알티플라노Altiplano고원을 비롯해 볼리비아에서 산다고 알려진 투코투코류 종을 전부 조사했다. 가드너가 발견한 희소 기생충은 모든 투코투코류에 기생한다고 밝혀졌다. 실제로 투코투코류는 파라스피도데라속 선충류, 편충류, 필라리오이드 선충류, 조충류, 소화기 계통을 감염시키는 단세포 원생생물인 구포자충속 등 기생충 동물원을 통째로 몸에 지닌다.

가드너는 투코투코류에 사는 기생충이 어디서 왔는지 궁리했다. 아프리카에서 출발한 투코투코류의 선조와 함께 남아메리카로 왔을까? 아니면 현지 동물에 기생하다가 적당한 시기에 숙주를 갈아탄 것일까? 가드너는 투코투코류에서 발견된 선충류와 가까운 친척을 아프리카에서 찾을 수 없었다. 따라서 이 기생충들이 초기에는 남아메리카 유대류나 아르마딜로, 나무늘보, 개미핥기 등 토종 태반포유류에 살았을 것으로 추정했다. 가드너는 기회주의적 숙주 갈아타기가 일어나 기생충이 기존 숙주에서 투코투코류로 이동했다고 추측했다. 만약 숙주 갈아타기가 남아메리카의 다른 포유류에도 일어났다면, 그 포유류에서 투코투코류

파라스피도데라속 선충

알이 투코투코 똥에 섞여
지하터널로 배출된다.

다른 투코투코류가 우연히 알을 삼킨다.

알에서 부화한 유충이
투코투코의 장에서 성체로 발달한다.

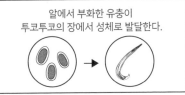

성체가 짝짓기하고
투코투코의 장에 알을 낳는다.

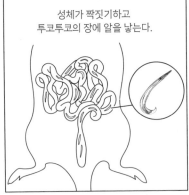

알이 똥에 섞여 배출된다.

그림11. 파라스피도데라 웅키나타의 생활사.

기생충과 친척 관계인 기생충 종이 발견될 것이다.

기생충의 숙주 갈아타기를 뒷받침하는 근거는 유대류, 아르마딜로, 그리고 5,000만 년 전 남아메리카에 서식한 조상에서 유래한 작고 낯선 포유류인 애기아르마딜로pink fairy armadillo의 기생충에 관한 연구에 있다. 애기아르마딜로는 등에 분홍색 갑옷을 두르고 아랫배에 부드러운 털을 지녀서 연어 초밥을 닮았다. 야행성 동물로 사구부터 초원에 이르는 다양한 서식지에 터널을 파며, 일단 터널 안으로 들어가면 위에서 침투하는 침입자를 막기 위해 갑옷으로 입구를 봉쇄한다. 그런데 이 걸어 다니는 연어 초밥은 투코투코류와 마주칠 수 있는 터널 아래쪽으로는 침입에 대비하지 않는다. 투코투코류가 적극적으로 영역을 지키는 데다 날카로운 앞니를 가닌 까닭에, 마주치면 그리 유쾌하지 않을 것이다. 애기아르마딜로와 투코투코류는 모두 굴을 파는 동안 다량의 흙과 접촉하고 상대의 배설물을 섭취할 수 있기 때문에 잠재적으로 기생충의 숙주 갈아타기가 가능하다. 애기아르마딜로처럼 남아메리카에 오랫동안 서식한 토종 동물과 투코투코류처럼 근래에 새로 유입된 동물 사이에서 발견되는 선충류 기생동물군의 선조도 상당수 일치한다. 이는 과거 어느 시점에 두 동물이 굴을 공유하는 동안 애기아르마딜로에서 투코투코류로 숙주 갈아타기가 일어났음을 시사한다.

기생충학은 끝없이 수수께끼를 푸는 과정이고, 투코투코류의 기생충에 관해서라면 아직 풀리지 않은 수수께끼가 넘친다.

가드너와 동료들은 최근 멕시코 중부에 서식하는 땅다람쥐에서 파라스피도데라속 선충류를 발견했는데, 이 선충류가 멕시코 중부로 오게 된 과정을 드러내는 단서는 아직 드러나지 않았다. 2,000킬로미터 넘게 떨어져 사는 땅다람쥐와 투코투코류는 만난 적이 없을 것이다. 투코투코류 서식지 최북단은 볼리비아와 페루 사이에 형성된 티티카카Titicaca호수이고, 땅다람쥐는 캐나다 남부부터 콜롬비아까지 분포한다. 기생충은 수단과 방법을 가리지 않고 한 숙주에서 다른 숙주로 갈아탔으며, 그 과정에서 안데스산맥을 횡단했다.

기생충은 대부분 다른 동물과 같은 방식으로 먹이와 서식지를 찾고 짝짓기한다. 이러한 생물을 단순히 무임승차자로 여기는 것은 그릇된 생각이다. 기생충은 남극대륙을 포함한 모든 대륙과 모든 바다에 서식하는 숙주에 기생하며 분화되었고, 그 결과 전문종이었던 기생충은 일반종에 가까워졌다. 또 반대되는 사례도 발생했다. 기생충은 끊임없이 진화하며 적합한 숙주의 범위를 넓히고, 새로운 지역으로 이동하며, 지구의 생태학적 연결망을 미세 조정한다.

13장.
균형잡기

거의 50년 전, 오리건주 윌래밋밸리Willamette Valley의 농장에 살던 12세 소년 스콧 가드너는 카마스땅다람쥐camas pocket gopher를 해부해 조충을 발견했다. 가드너는 삼촌이자 세계에서 가장 영향력 있는 기생충학자인 북극보건연구센터 소장 로버트 L. 라우시의 뒤를 따랐다. 10년 후 가드너는 어릴 때 발견한 조충이 미확인 종이라는 것을 깨닫고, 처음 발견한 지역 인근에 흐르는 강이름을 따서 명명했다. 히메놀레피스 투알라티넨시스*Hymenolepis tualatinensis*라는 이름은 문자 그대로 '투알라틴Tualatin강에서 발견한 조충Hymenolepis'이라는 뜻이다. 훗날 가드너는 세계적으로 손꼽히는 방대한 기생충 수집물을 보유한 네브래스카 주립 박물관 해럴드 W. 맨터 기생충학 연구소의 큐레이터가 되었다. 여전히 그의 가족이 소유하는 농장으로 돌아왔을 때, 여전히 수많은 카마스땅다람쥐가 있었지만 조충은 어디에도 없었다. 기생충은 결코 정적인 존재가 아니다. 기생충의 풍부함과 다양성은 생태계에 일어나는 미묘한 변화, 특히 인간의 환경 관리 실패에서 비롯한 변화에 영향받아 변동한다.

지구 기후는 전례 없는 속도로 변화하며 동식물이 새로운 지역으로 이동하거나, 멸종의 위험을 감수하도록 압력을 가한다. 잠재적 숙주 동물은 서식지를 옮겨 새로운 생물 군집과 접촉하는 동안 기생충을 만난다. 이런 새로운 환경에서 기생충은 이따금 다른 생물종에 기생하기 위해 숙주를 갈아탄다. 숙주 갈아타기는 결국 멸종할 운명인 숙주에게서 벗어나는 한 가지 방법이다.

대니얼 R. 브룩스Daniel R. Brooks와 에릭 P. 호버그는 기생충, 진화, 생태학, 기후 변화 사이의 복잡한 상관관계를 명확하게 밝힌 바 있다. 스톡홀름 패러다임Stockholm Paradigm[1]이라고 불리는 이 포괄적인 관점은 기후 변화가 사람, 기생충, 가축, 농작물, 곤충 및 야생동물 간의 관계를 어떻게 변화시키는지 설명한다. 다양성 관련 지식, 과거 환경을 꿰뚫는 통찰, 주요 생물학적 과정에 대한 인식 등 여러 데이터를 활용하면 급변하는 세계에서 미래를 예측하는 데 도움이 된다. 미래에는 새로운 질병이 전보다 훨씬 빠

---

[1] 변화하는 환경에 대응하여 기생충 확산 예측 활동을 돕는 이론 체계다. 이 이론 체계는 생태학적 적합성, 공진화의 지리적 모자이크 이론geographic mosaic theory of coevolution, 분류군 진동taxon pulse, 진동 가설oscillation hypothesis 등 네 가지 요인을 포함한다.

른 속도로 창궐할 것이며, 과학자와 정책 입안자는 그러한 질병에 대응할 뿐 아니라, 질병의 가능성을 예측하고 준비하는 방안을 마련해야 한다.

브룩스와 호버그는 새로운 위기의 여파를 지켜만 보는 대신, 미래를 내다보며 다양한 방식으로 위기를 관리해야 한다고 주장했다. 2014년 브룩스, 호버그, 가드너와 동료들은 미래 변화에 맞서 생물이 어떤 반응을 나타낼 것인지 예측하는 방법을 종합적으로 제시했다. 기생충은 생태계를 구성하는 다른 수많은 생물과 연결된다는 점에서, 생물학적 반응 예측의 핵심이다. 이처럼 생태 변화를 탐구하는 연구 체계는 문서화document, 평가assess, 관찰monitor, 조치act 단계로 구성되며, 각 단계의 앞 글자만 따서 다마[2]라 칭한다.

생물 다양성을 문서화하는 작업은 지구 변화를 이해하는 중요한 첫 단계다. 스웨덴 생물학자 칼 린네Carl Linnaeus가 생물에 이름을 붙이고 분류하는 이항 명명법binomial nomenclature[3]을 발표한 1700년대 이전부터, 과학자들은 체계적으로 종을 기술했다. 생물학자는 육지 생물 약 100만 종, 바다 생물 약 25만 종의 이름을 지었는데, 이 숫자는 실제 지구에 사는 생물종 수의 추정값과 비교

---

2 DAMA. 실험 계획안 또는 연구 체계로 문서화, 평가, 관찰, 조치 단계로 구성되며, 기생생물 또는 기타 병원체로 구성된 생태계의 변화를 탐구하는 데 활용된다.
3 지구상 모든 생물종을 과학적으로 식별하기 위해 두 단어로 이름을 짓는 규정을 가리킨다. 첫 번째 단어는 속의 명칭, 두 번째 단어는 종의 명칭이다.

하면 터무니없이 적다. 지구 생물종 추정값은 일부 모델을 근거로 계산하면 대략 900만 종이고, 다른 일부 모델을 근거로 삼으면 1억 종까지 늘어난다. 이런 엄청난 차이의 원인은 상당수가 미생물과 기생충에 있다. 세균, 고세균archaea,[4] 그리고 각양각색 기생충은 지구 종 다양성을 추정할 때 간과되는 숨은 생물들이다. 선충류는 50만 종이 존재한다고 예상되며, 흙 1그램당 수천 마리가 서식할 만큼 압도적으로 개체 수가 많다. 일부 추정값에서는 모든 생물의 약 40%가 기생충이라고 예측한다.

새롭게 기술되는 모든 종은 현존하는 생물과 환경 변화에 관한 지식이 보관된 저장고에 정보를 더한다. 과학자는 정보를 취합할 뿐만 아니라 박물관에 소장된 생물 표본을 토대로 분류학[5] 목록을 작성해, 유전학과 형태학이 융합된 데이터가 미래에도 연구에 활용될 수 있도록 돕는다. 최고의 데이터는 수백 년간 축적된 자연사 기록에서 나온다.

기생충의 경우 데이터가 숙주에도 쌓이는데, 이를테면 숙주가 선호하는 서식지, 숙주 사이에서 기생충이 전파되는 방법, 숙주의 몸에서 기생충이 발견되는 부위 등이 그렇다. 현장과 실험실에서 이러한 데이터를 문서화하는 일은 생물 서식지 환경이 변화하면 어떤 현상이 일어날지 예측하는 과정에 필요한 첫 번째

---

4 고대 단세포 미생물을 아우르는 집단으로 식물과 동물, 균류의 조상으로 여겨진다.
5 생물의 진화 관계를 설명하고, 분류하고, 결정하는 과학적 과정이다. 일반적으로 사용되는 분류 범주는 종, 속, 과, 목, 강, 문, 계다.

단계다.

17세기와 18세기 자연사학자는 각 생물종이 지닌 고유성을 높게 평가했고, 자연사학자들이 남긴 기록은 우리에게 방대한 지식을 전달했다. 19세기 중반 다윈과 월리스는 지구상 모든 생명체의 진화를 설명하는 포괄적 이론을 제안하며 자연사를 인식하는 근본적인 방법에 패러다임 전환paradigm shift을 일으켰다. 생물은 공통 조상을 공유하는 다른 생물과 연결되어 있고, 공통 조상의 패턴이 각 개체의 생활 방식을 형성한다. 친척 관계인 두 생물은 흡사한 방식으로 환경과 상호작용하지만, 두 생물 사이에 존재하는 차이점이 새로운 반응을 유발하는 특정 선택압을 분명하게 드러낸다.

비교와 대조는 자연사 연구에 쓰이는 도구로, 생물들의 유사점과 차이점을 구분하며 시간 흐름에 따른 변화의 패턴을 조합한다. 다마DAMA 연구 체계의 평가 단계에서 과학자는 각 생물종을 중심으로 큰 그림을 그리고 조합해야 한다. 이를테면 중심이 되는 생물종의 생태 등 기초 정보뿐만 아니라 숙주 생물의 생태, 생태계에 공존하는 다른 생물들, 그리고 시간에 따른 생물의 적응과 진화 과정을 파악해야 한다.

초기 동식물학자들은 처음 발견한 생물을 분류해 박물관 소장품으로 영구 보관하는 일을 큰 성과로 여겼다. 당대에는 새로운 생물이 제각기 신의 창조를 반영한다고 생각했기 때문이다. 다윈과 월리스가 널리 영향력을 떨치자 동식물학자들은 종의 돌연

변이성mutability[6]을 이해하기 시작했지만, 한편으로는 생물을 여전히 정적인 존재로 간주했다. 각 생물은 생태계에서 고유의 고정된 위치를 차지하며, 그들의 행동에는 유전학적 구성 요소가 반영된다고 믿었기 때문이다. 그러나 환경은 항상 변화하고, 생물은 세대가 거듭되는 동안 그리고 한 개체가 생존하는 동안에도 지속적으로 환경에 적응하는 놀라운 능력을 보인다. 과학자들은 표현형 가소성phenotypic plasticity,[7] 적응 변화adaptive change,[8] 가변적 유전자 발현variable gene expression,[9] 조건 민감 행동 레퍼토리condition-sensitive behavior repertoire, 항상성 행동homeostatic behavior,[10] 숙주 갈아타기 등 최신 어휘를 활용해 생물의 역동적 본성을 설명한다. 한 생물에 일어난 동적 변화는 이 생물과 상호작용하는 다른 생물에 변화를 촉발한다.

생물 군집은 체계적인 관찰을 바탕으로 다양한 시간과 장소에서 추적해야만 완벽히 이해될 수 있다. 특정 시간과 장소에서 기생충을 채집하는 방식은 이제 충분하지 않다. 현대 과학에 필

---

6 특히 유전물질과 관련하여 변이를 일으키는 성향이다. DNA에서 특정 부분은 다른 부분보다 쉽게 돌연변이를 일으킨다.

7 유전적으로 유사한 생물이 서로 다른 환경 조건에 반응하여 상이한 특성을 보이는 메커니즘을 말한다.

8 유기체가 번성해 자손을 낳을 가능성이 높아지도록 변화가 일어나는 것을 말한다. 이러한 변화는 행동, 생리 또는 진화 과정을 거치며 발생한다.

9 특정 환경 조건에 맞추어 유전자의 영향으로 생물이 변화할 때 발생한다.

10 항상성 행동은 생물이 변화하는 환경에서 일정한 상태를 유지하기 위해 행동을 조정하는 방법을 설명한다.

요한 것은 광범위한 장소에서 지속적으로 시료를 얻은 결과다. 생물 추적 체계를 활용하면, 과학자는 시간과 장소에 따른 생물 군집의 변화를 비교하는 정보망도 만들 수 있다. 지리적 경계를 넘나드는 과학자들의 협력과 박물관에 보관된 생물 표본의 DNA 바코드는 특정 지역에 발생한 중대한 변화가 다른 지역에 반향을 일으키고 있음을 알리는 정보망을 개발하는 데 도움이 된다.

거의 5,000만 명에 달하는 헌신적인 탐조인이 조류 종을 정기적으로 관찰한다. 북반구에서는 연말 휴가철에 수많은 사람이 추위와 싸우며 크리스마스 탐조Christmas Bird Count[11] 행사에 참여한다. 미국에는 약 6,000명의 조류학자가 있으며, 이들은 탐조인이 이버드eBird[12] 같은 디지털 데이터베이스에 남긴 관찰 데이터를 적극적으로 활용한다. 시민 과학자들이 방대한 데이터를 입력한 덕분에, 다른 어느 동물군보다도 새의 지리적 이동이 가장 잘 알려져 있다. 이 데이터는 지속적으로 활발하게 갱신되므로, 미시시피솔개Mississippi kite 같은 새가 네브래스카주로 서식 범위를 확장하면 즉시 알아차릴 수 있다. 기생충은 새보다 인간의 삶에 훨씬 큰 영향을 미치지만, 자신을 기생충학자로 소개하는 과학자는

---

11 1900년 오듀본 협회에서 처음 조직한 행사로, 매년 크리스마스 당일에 서반구 전역에서 새의 개체 수를 센다. 이 행사는 자원봉사자들이 관찰한 모든 조류 종과 개체 수를 기록해, 해당 지역에 서식하는 새의 개체 수와 분포에 관한 정보를 제공하는 방식으로 진행된다.
12 새의 분포, 이동, 개체 수 등 조류 관찰 기록과 과학적 데이터를 수집하는 디지털 플랫폼이다.

미국에 1,000명도 되지 않는다. 게다가 기생충 관찰은 시민 과학자들 사이에서 아직 유행하지 않았다.

기생충학자는 가능한 한 빠르고 정확하게 종을 식별하려 노력한다. 그리고 예측 연구에 도움이 될 통합 정보망을 구축하기 위해, 다른 나라의 동료들과 연락을 주고받으며 데이터와 표본을 공유한다. 기생충과 관련된 질병이 발생하면, 의학자 및 지역 보건 종사자와 협력해 치료법을 개발한다. 장기간 추진되는 수많은 기생충 퇴치 사업은 국제 보건 기구가 지방 정부 및 단체들과 힘을 합쳐 운영하고 있으며, 이러한 사업이 아프리카 강변실명증과 주혈흡충증, 그리고 구충, 회충, 편충 감염을 통제하는 데 큰 보탬이 되었다. 그러나 지역사회는 숙주 갈아타기, 면역 저항[13]등 기생충의 적응을 가속화하는 환경에 사람들이 거주하도록 지속적으로 압력을 가한다. 숙주와 기생충, 환경은 쉴 새 없이 변화하며, 이들 중 한 요소가 변화하면 다른 요소 간의 상호작용 또한 변화한다. 기후 변화가 생물 군집에 미치는 영향을 완화하려면 얼마나 많은 정보가 필요할까? 데이터는 지속적으로 수집되고 높은 수준으로 통합되어야 하며, 이를 바탕으로 진화와 생태 패턴을 연결하고 과거와 현재와 미래의 지식을 융합하면, 생태계 전반을 하나의 연결망으로 만들 수 있다.

스톡홀름 패러다임은 기초 연구 프로그램의 뒤를 이어, 사람

---

13 병원균이 숙주 생물의 면역계가 자신을 감지하지 못하도록 회피할 때 발생한다.

과 기생충이 장기적으로 공존하는 방법을 탐구하는 응용 연구 프로그램이 추진되어야 한다는 메시지를 던진다. 생물 다양성 평가에서 기생충은 특별한 기능을 수행한다. 기생충은 이따금 여러 숙주 종에서 기생하다가 생활사를 마치므로, 특정 지역의 한 숙주에서만 기생충이 발견되는 현상은 그 기생충의 다른 숙주 종이 건강한 개체군을 형성하고 있음을 암시한다. 따라서 기생충은 생태계의 건강과 생물 다양성을 추적하는 기능을 수행하고, 기생충의 존재 여부는 다른 종의 변화 속도를 알리는 환경 신호로 작용한다.

기생충은 매력적이지만 주위에 늘 해를 끼치는 불량배로 묘사될 수밖에 없는 악당이기도 하다. 그러나 많은 기생충-숙주 관계에서 기생충이 숙주의 건강에 심각한 해를 주는 경우는 거의 없는데, 숙주가 죽으면 기생충도 대개 목숨을 잃기 때문이다. 이러한 측면에서 기생충-숙주 관계는 편리공생, 즉 한쪽은 이익을 얻지만 다른 한쪽은 이익을 얻지도, 크게 해를 입지도 않는 관계와 매우 흡사하다. 일부 기생충은 수명이 길어서 20년 넘게 숙주 안에서 살기도 한다. 생물 사이에 형성된 모든 관계에는 다소 진화한 형태의 의존성이 내재하며, 그러한 관계에서는 적어도 한 구성원이 일부 자원을 희생하게 된다.

기생충은 환경 조건이 변화하는 혼란하고 예측 불가능한 세계에 숙주가 적응하도록 돕는다. 숙주의 면역계를 자극해 낯선 미생물을 물리치거나, 숙주가 섭취한 낯선 먹이가 에너지로 전환

되도록 돕는다. 가혹한 환경은 지구에 서식하는 고등 생물에게 새로운 표준으로 자리 잡았다. 숙주가 체내 기생충에게 희생당하는 자원은 두 생물 간의 협력 관계로 얻는 이익과 비교하면 대수롭지 않을 수 있다.

지구의 생물종은 과학자의 명명 속도보다 더 빠르게 사라지고 있다. 이는 마치 책 제목과 내용을 알지 못하는 상태에서 도서관에 불이 난 것과 같다. 1986년 한 방화범은 로스앤젤레스 공공 도서관에 불을 질러 미국 역사상 최악의 도서관 화재를 일으켰다. 100만여 권의 책이 마이크로필름, 특허, 사진, 잡지와 함께 훼손되었다. 외계 세력이 인간 문명의 한 조각을 순식간에 휩쓸어간 것 같았다. 화재 이후, 자원봉사자 수천 명이 청소를 돕고, 보존 가치가 있는 자료를 복원하며, 대체 자료 구매에 필요한 비용을 모금했다. 오늘날 삼림 벌채, 독성 화학 물질 사용 등 인간 활동으로 서식지가 파괴되고 지구 온난화가 일어나 생물 2,000만여 종이 멸종 위기에 처했다. 도서관 장서 목록은 어느 문헌이 불에 타 사라졌는지 알려주지만, 인류의 생물 다양성 지식은 아직 불완전하므로 수많은 생물종이 확인되지 않은 채 절멸할 것이다. 특히 기생충은 지극히 일부 종만 기술됐다는 점에서 심각하다. 임박한 미래에 기생충 다양성이 손실되면, 인류는 생물 군집 전체가 어떻게 상호작용하고 진화하는지 영원히 이해할 수 없을 것이다.

감사의 글

해럴드 W. 맨터 기생충학 연구소의 연구를 지원해 준 많은 연구자와 학생들에게 감사드린다. 특히 몽골국립대학교 소속 밧차이칸 남수렌 교수와 간조릭 수미야 교수, 알탄게렐촉차이칸 두르사힌한 연구원에게 감사 인사를 전한다. 에릭 호버그는 전 미국 국가기생충컬렉션을 관리하는 수석 큐레이터로 일하며 다년간 쌓은 귀중한 통찰을 제시했다. 안젤로주립대학교 소속 로버트 다우러는 갈라파고스 연구와 관련된 표본과 사진을 기꺼이 제공했다. 윌리엄 C. 캠벨은 이버멕틴 발견에 관한 설명을 검토하며 소중한 식견을 나누어줬다. 네브래스카대학교에서 보내주신 격려에 감사드리며, 특히 방법론 및 평가연구핵심센터 소속 에이미 슈피겔Amy Spiegel, 대학 도서관 소속 폴 로이스터Paul Royster, 그래픽

디자인 교수이자 일러스트레이터인 브렌다 리를 소개한 애런 서덜런Aaron Sutherlen에게 감사의 마음을 보낸다. 브렌다 리가 없었다면, 이 책은 존재하지 못했을 것이다. 생물학 명예 교수 앨런 본드Alan Bond, 이 책이 만들어지는 동안 편집을 도와준 도서관 소속 교수 수 앤 가드너Sue Ann Gardner에게도 감사 인사를 전한다. 마지막으로, 프린스턴대학교 출판부 소속 편집자인 로버트 커크Robert Kirk에게 깊이 감사드린다.

이 책에는 미국 국립과학재단의 지원을 받아 수행된 연구가 부분적으로 수록되었다. BSR-8612329(볼리비아에 서식하는 설치류 숙주와 연충류의 동물지리학 및 공진화), BSR-9024816 and DEB-9496263(볼리비아 포유류에 사는 기생충: 계통발생 및 공진화), DBI-1756397(자연사: 맨터 기생충학 연구실에 소장된 표본의 디지털화 및 보존), DBI-145839(자연사: 맨터 연구실에 소장된 기생충 생물다양성 표본의 데이터 디지털화 및 보안) 등이 그렇다. 이 책에 언급된 모든 의견과 연구 결과, 결론과 권고 사항은 저자의 의견이며 반드시 국립과학재단의 견해를 반영하지는 않는다.

부록:
본문에 언급된
기생충에 관한 설명

그림 G.1. 고래회충(청어회충).

선충문. 크기: 길이 약 4센티미터, 폭 1밀리미터. 중간숙주: 1차 동물성플랑크톤, 2차 물고기 또는 오징어. 고유숙주: 해양 포유류. 고래회충 성체는 해양 포유류의 위 내층에 달라붙어 짝짓기하고 알을 낳으며, 알은 고래 똥에 섞여 바다로 배출된다. 고래회충은 인간에게 흔히 감염되는 우연 기생충으로, 익히지 않거나 덜 익은 생선을 먹으면 감염된다. 고래회충이 위에 달라붙으면 고통스러운 궤양을 유발한다.

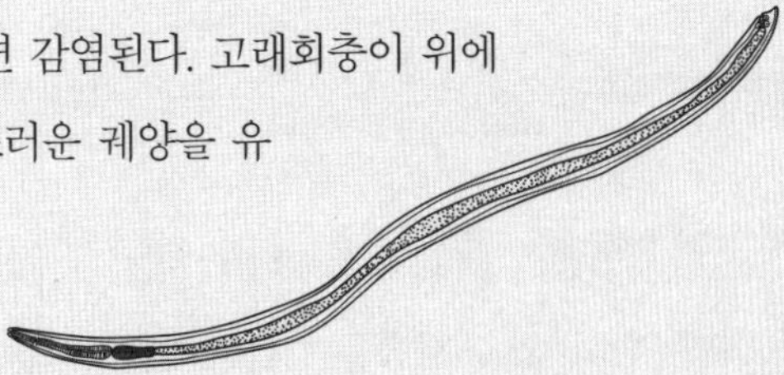

그림 G.2. 두비니구충.

인간 감염성 구충. 선충문. 크기: 8~13밀리미터. 숙주: 인간. 두비니 구충 성체는 인간 숙주의 장 융모에 달라붙는다. 그런 다음 융모에 상처를 내고 혈액을 섭취한다. 암컷 두비니구충은 매일 알 수천 개를 낳고, 알들은 숙주의 대변에 섞여 배출된다. 숙주 밖으로 배출된 뒤 흙에서 부화한 유약충은 탈피 과정을 거쳐 감염성 유충이 된다. 감염성 유약충은 인간 숙주와 마주칠 때까지 토양의 배설물에 남는다. 인간 숙주와 마주치면 피부를 뚫고 들어와 혈류를 타고 폐로 이동한다. 기관으로 이동한 뒤 삼켜진 감염성 유약충은 장에 도달해 탈피를 거쳐 성체가 되고, 장 융모에 붙는다. 두비니구충 감염은 열대 지역과 서리가 내리지 않는 온대 지역에서 흔히 발생하며 인구 수억 명의 건강을 해친다. 심각하게 감염된 환자는 매일 출혈을 일으키며 빈혈에 걸리는 등 다양한 의학적 문제를 겪는다.

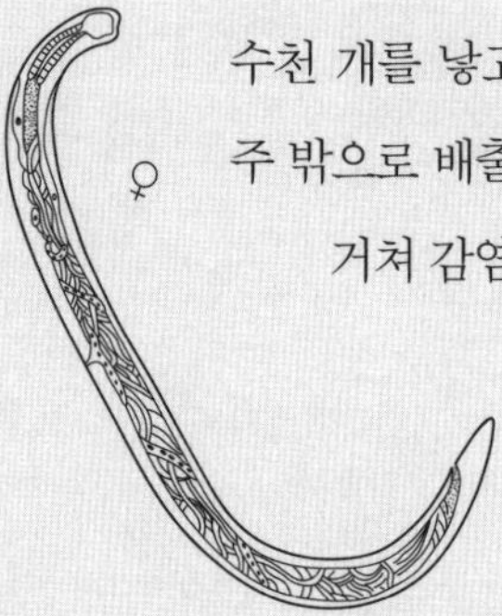

그림 G.3. 회충.

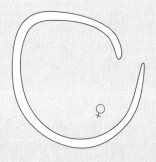

인간 감염성 대형 선충. 선충문. 크기: 길이 15~50센티미터, 폭 2~5밀리미터. 숙주: 인간. 암컷 회충은 인간의 장에 알을 낳고, 알은 인간 똥에 섞여 배출

된다. 회충 알로 오염된 음식이나 물을 섭취하면 회충에 감염된다. 회충은 열대 지역과 일부 온대 지역에서 흔하며, 20억 명이 넘는 인구를 감염시켰다. 일부 감염자는 무증상이지만, 다른 일부 감염자는 가벼운 증상을 겪는다. 어린이의 경우 목숨을 위협할 정도로 증상이 악화하기도 한다. 적절한 위생 시설이 부족한 지역에서는 회충 감염이 흔하게 일어난다.

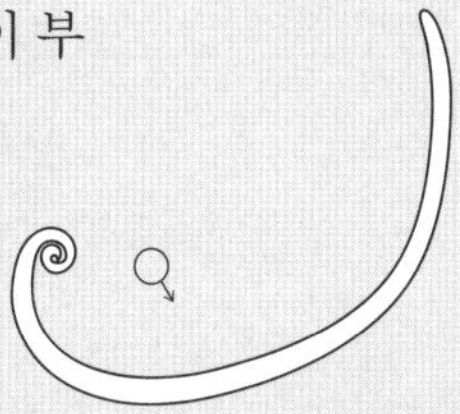

그림 G.4. 코이토카이쿰 파붐.

물고기 감염성 편형동물. 편형동물문. 크기: 0.1~1밀리미터. 중간숙주: 뉴질랜드우렁이와 단각목. 고유숙주: 불리. 코이토카이쿰 파붐은 뉴질랜드에서 발견된다. 감염성인 섬모유충은 물에서 부화해 달팽이 몸속을 뚫고 들어가 소화선으로 이동해 무성생식한다. 이후 유미유충으로 발달해 작은 단각목 갑각류를 감염시킨다. 갑각류가 물고기에게 잡아먹히면, 코이토카이쿰 파붐은 장으로 이동하고 성체로 발달해 알을 낳는다. 코이토카이쿰 파붐에 관한 연구는 이 기생충이 환경 조건의 변화와 특정 숙주 종의 이용 가능성에 대응하여, 유충 발달 전략을 바꿀 수 있음을 밝혔다.

그림 G.5. 크라시카우다 보오피스.

고래 감염성 선충. 선충문. 크기: 길이 1.5~2미터, 폭 1~2밀리미터.
중간숙주: 갑각류로 추정. 고유숙주: 참고래, 대왕고래, 혹등고래.
크라시카우다 보오피스는 대형 수염고래류의 신장에서
발견된다. 이 기생충 종은 알려진 과학 정보가 부족
하지만, 일부 데이터에 따르면 모체에서 태아로 전
염될 수 있다. 크라시카우다 보오피스는 생활사가
밝혀지지 않았으나, 갑각류를 중간숙주로
삼으리라 추정된다. 자연사한 고래를 부검
한 결과, 이 대형 선충은 숙주에 치명적인
신장 질환을 유발할 수 있음이 드러났다.

그림 G.6. 새삼속의 일종.

새삼속. 현화식물문. 크기: 전체 폭 10센티
미터~30미터, 줄기 두께 1~3밀리미터.
숙주: 초본식물과 목본식물. 새삼속은
초본식물과 덤불, 나무에 사는 기생식
물이다. 이 식물은 뿌리와 유사한 구조
인 기생근을 사용해 숙주식물에서 물과
미네랄, 영양소를 흡수한다. 새삼속은 자
랄수록 광합성 능력을 상실한다. 잎이 없고,
엽록소가 부족해 줄기 색이 노랗다. 이 식물은

작은 꽃이 피며 많은 씨앗이 모체 식물 가까이에 분산되지만, 몇몇 씨앗은 새가 섭취해 멀리 퍼뜨린다.

그림 G.7. 창형흡충.

창 형태 간흡충. 편형동물문. 크기: 5~10밀리미터. 중간숙주: 1차 육지 달팽이, 2차 왕개미속. 고유숙주: 대부분 소나 양 같은 초식 포유류. 창형흡충은 전 세계의 야생 또는 가축 반추동물에서 흔히 발견되는 기생충이다. 성체는 간의 담관에서 살고, 알은 담즙에 섞여 장으로 간 다음 똥에 섞여 몸 밖으로 배출된다. 육지 달팽이가 먹은 창형흡충의 알은 섬모유충으로 부화해 달팽이의 소화샘을 뚫고 들어가 무성생식하고 유미유충 수천 마리가 된다. 유미유충은 점액질로 덮인 외투강 밖으로 나오면서 점액 덩어리를 형성한다. 왕개미속이 점액 덩어리를 먹고 유미유충에 감염된다. 일부 유미유충은 왕개미속의 체강에서 포낭을 형성하고, 유미유충은 신경계를 타고 다니며 개미를 조종한다. 감염된 개미는 군집으로 돌아가지 않고 풀잎 꼭대기로 올라가 밤을 샌다. 소와 양이 풀을 뜯으며 개미도 삼킨다. 감염된 개미가 고유숙주에 먹히면, 창형흡충은 개미 밖으로 탈출해 고유숙주의 간으로 이동하고 성체로 발달한 다음 알을 낳기 시작한다.

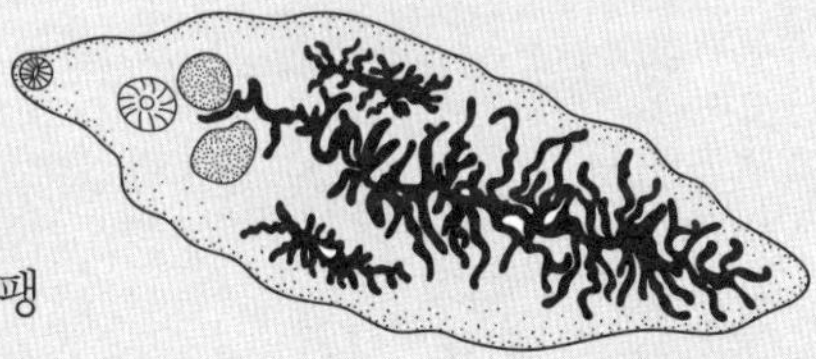

그림 G.8. 다방조충.

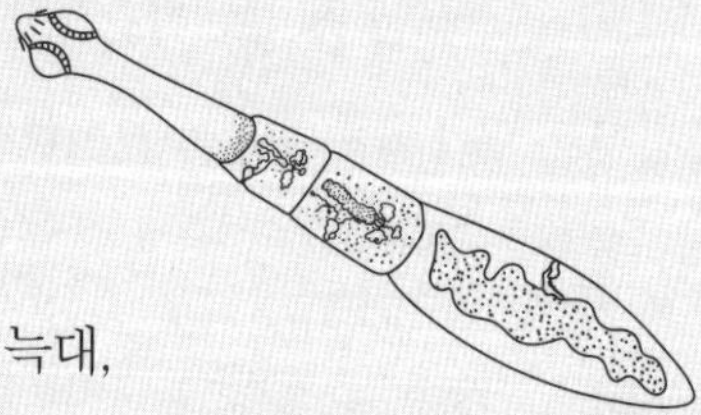

여우 감염성 조충. 편형동물문.

크기: 2~4밀리미터. 중간숙주:

밭쥐, 나그네쥐, 생쥐. 고유숙주: 늑대,

코요테, 여우. 다방조충의 알은 개과*Canidae* 동물의

똥에 섞여 배출되고, 이 똥을 설치류가 우연히 섭취한다. 다방조충의 유충은 설치류의 장을 뚫고 들어가 혈류를 타고 간에 도착한 뒤, 포낭을 형성하고 계속 발달한다. 개과 동물은 다방조충에 감염된 설치류를 잡아먹고 감염된다. 인간 감염은 보통 어린이가 다방조충에 감염된 개와 놀다가 발생한다. 인간 몸속에서 다방조충의 알은 혈류를 타고 간으로 가지만, 유충은 거의 모든 신체 기관에서 발달한다. 다방조충의 포낭은 천천히 발달하는 까닭에 감염 사실이 수년간 인지되지 않을 수 있다. 다방조충 감염증은 유럽에서 여우 개체 수가 증가하는 지역에 만연하다.

그림 G.9. 구포자충속의 일종. (일러스트: 스콧 가드너).

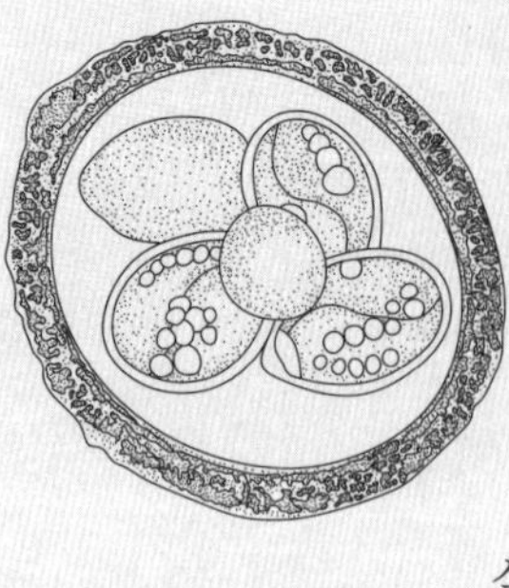

정단복합체충류Apicomplexa. 원생생물. 크기: 15~30마이크로미터. 고유숙주: 모든 척추동물. 구포자충속은 단세포 기생생물 수천 종을 아우른다. 이들은 척추동물의 소장 내층에 서식하며, 처음에는 무성생식한다. 시간이 흐른 뒤에 유성생식으로 난포낭을 생성하면, 숙주의 똥에 섞여 배출된다. 숙주 밖으로 배출된 배설물에서 난포낭은 감염성 포자소체sporozoite 4개를 형성한다. 새로운 숙주가 난포낭으로 오염된 먹이를 먹으면, 숙주의 장에서 난포낭이 터지며 포자소체가 방출된다.

그림 G.10. 요충.

인간 감염성 요충. 선충문. 크기: 3~13밀리미터. 숙주: 인간. 요충은 인간이 가장 흔히 감염되는 기생충으로, 온대 지역에 사는 인구의 약 4분의 1이 요충에 감염되어 있다. 요충은 숙주의 대장에 살면서 주로 세균과 장 상피 세포를 먹는다. 암컷 요충은 이따금 숙주의 항문 밖으로 이동해 주변 피부에 알을 낳는다. 요충 알은 가려움을 유발하므로, 사람들이 항문을 긁을 때 손에 묻어 주위 환경으로 수월하게 퍼질 수 있다. 요충이 아이가 있는 가정에서 발생하면, 철저히 청소해 제거해야 한다.

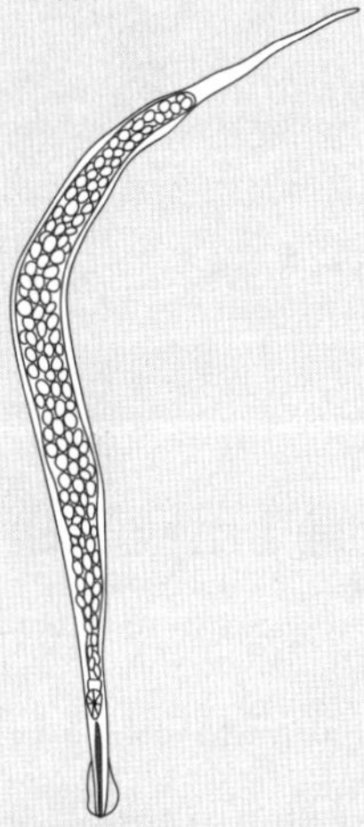

그림 G.11. 유하플로키스 캘리포니엔시스.

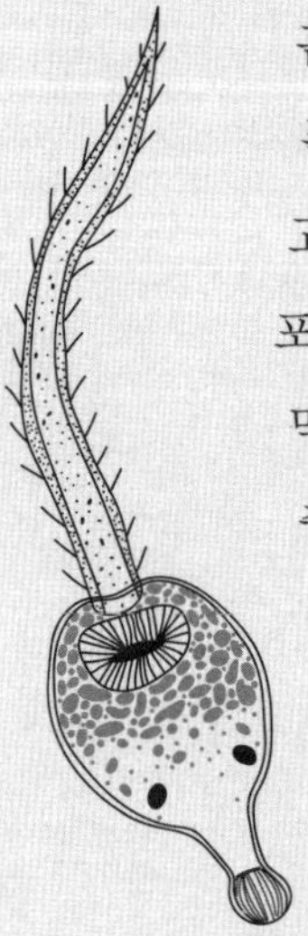

흡충. 편형동물문. 크기(성체): 길이 0.25밀리미터, 폭 0.1밀리미터. 중간숙주: 1차 고둥, 2차 킬리피시. 고유숙주: 물고기를 잡아먹는 새. 유하플로키스 캘리포니엔시스는 캘리포니아 남부의 습지와 강어귀에서 먹이를 잡아먹는 수많은 새의 장에 서식한다. 이 기생충의 유미유충은 1차 중간숙주인 고둥을 떠난 뒤 안점을 이용해 다음 숙주인 킬리피시를 찾는다. 킬리피시의 피부를 뚫고 들어간 유미유충 가운데 일부는 뇌로 이동한다. 이 과정에서, 유미유충은 물고기가 새에게 더욱 쉽게 잡아먹히도록 물고기의 행동을 조종한다. 이후 유미유충은 새의 장에서 성체로 발달한다.

그림 G.12. 람블편모충.

편모충속. 원생생물. 크기: 12~15 마이크로미터. 숙주: 포유류. 람블편모충 감염은 잠재적인 숙주가 저항성 포낭에 오염된 물이나 음식을 삼키면 발생한다. 포낭은 습한 환경에서 오랫동안 생존할 수 있다. 섭취된 포낭은 영양형tropho-

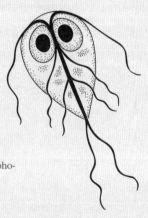

zoite으로 변화하고 숙주의 장에서 산다. 영양형 세포는 이분법으로 증식해 수많은 포낭을 생성하고, 이 포낭들은 숙주의 대변에 섞여 배출된다. 인간은 람블편모충으로 오염된 물을 마시고 감염된다.

그림 G.13. 쥐조충.

쥐 감염성 조충. 편형동물문. 크기: 길이 5~60센티미터. 중간숙주: 딱정벌레(밀웜). 통상의 고유 숙주: 시궁쥐속에 속하는 쥐. 쥐조충의 알이 섞인 쥐 똥을 섭취한 딱정벌레가 감염된다. 딱정벌레 몸속에 서 부화해 감염형인 의낭미충 cysticercoid이 된다. 쥐가 딱정벌레를 잡아먹으면, 의낭미충이 쥐의 소장에서 성체로 발달한다. 쥐조충에 서 발달한 수백 개의 편절은 몸의 뒤쪽 끝부터 떨어져 나오며 알을 퍼뜨린다.

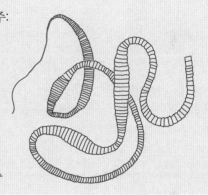

그림 G.14. 히메놀레피스 로베르트라우스키.

메뚜기쥐 감염성 조충. 편형동물문. 크기: 길이 4~8센티미터. 중간

숙주: 알려지지 않은 딱정벌레 종. 고유숙주: 메뚜기쥐. 히메놀레피

스 로베르트라우스키는 쥐조충의 먼 친척이다. 그리고 네

브래스카주부터 뉴멕시코주 리오그란데밸리에 이

르는 지역에 분포하는 메뚜기쥐에서 발견된

다. 이 기생충의 생활사는 실험실 환경에서

숙주인 딱정벌레 밀웜과 흰발생쥐를 대

상으로 재현되었다. 히메놀레피스 로베

르트라우스키가 인간을 감염시키는지는

밝혀지지 않았다.

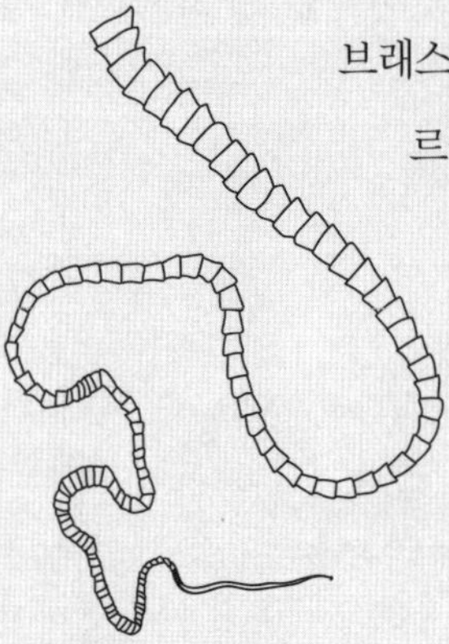

그림 G.15. 팻머켓홍합.

연체동물문. 크기: 7~11센티미터(성체), 0.25밀리미터(유생). 팻머

켓홍합은 미국 동부 해안에서 로키산맥에 이르는 북부 지역 강에서

흔히 발견된다. 다른 민물 홍합과 마찬가지로, 이들은 자손을 퍼뜨

리기 위해 물고기를 이용한다. 글로키디아glochidia라고도 불리는 팻

머켓홍합 유생은 물고기의 아가미

에 달라붙는다. 유생 주위

의 아가미에는 때때

로 반흔 조직이 형성

되며, 이는 물속에서 물고기의 산소 흡수력을 떨어뜨린다. 수개월 뒤, 유생은 어린 홍합으로 발달하고 물고기에서 떨어져 나와 독립 생활을 시작한다.

그림 G.16. 리슈만편모충속의 종들. (일러스트: 스콧 가드너).

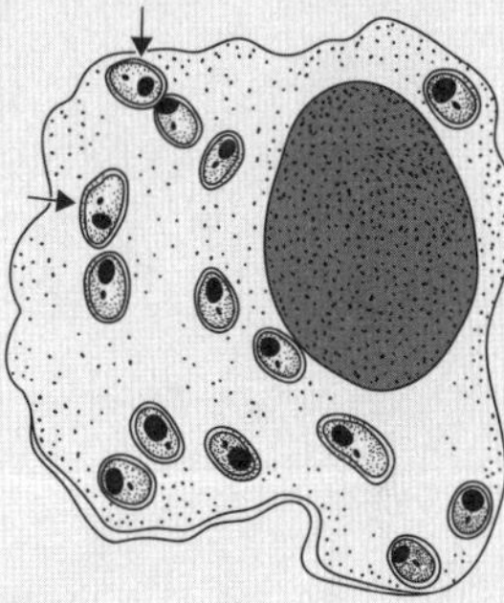

유글레나류. 원생생물. 크기: 1~10마이크로미터. 중간숙주: 모래 파리. 고유숙주: 포유류. 리슈만편모충속은 열대 지역과 아열대 지역의 포유류에 사는 단 세포 기생충을 아우르는 거대한 집단 이다. 이 기생충에 감염된 포유류는 증상을 보이지 않을 수도 있지만, 모 래파리에게 물리는 동안 리슈만편모 충을 전파한다. 리슈만편모충은 모래 파리에서 번식하며, 모래파리에게 물리는 다른 포유류를 감염시킨다. 이 기생충이 인간에 게 유발하는 질병은 내장리슈만편모충증kala-azar, 동양궤양oriental sore, 리슈만편모충증 등 여러 명칭으로 불린다. 환자는 통증이 없는 상처가 생기거나 체내 기관에 치명적인 손상을 입는 등 다양한 증 상을 겪는다.

그림 G.17. 레우코클로리디움 바리애.

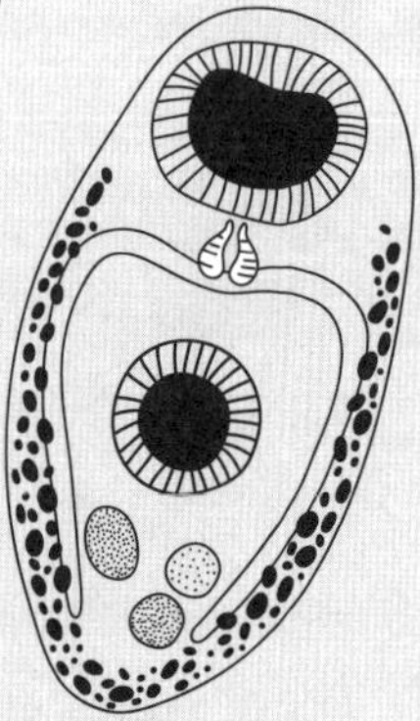

흡충. 편형동물문. 크기: 1.3~2밀리미터. 중간숙주:
육지 달팽이류. 고유숙주: 명금류. 레우코클로리
디움 바리애는 숙주인 새의 장에서 살며 짝짓
기한다. 이 기생충의 알은 새똥에 섞여 주변
에 퍼진다. 그리고 달팽이에게 먹힌 뒤 부
화한다. 섬모유충은 달팽이의 소화샘으로
이동해 낭상충으로 변하고, 다음으로 유
미유충이 된 뒤에 달팽이 눈자루로 이동
한다. 눈자루에서 유미유충은 기생충으로
가득 찬 주머니를 형성해, 눈자루 주위로 크고
꿈틀대는 애벌레가 보이도록 만들어 새들의 관심을 끈다. 달팽이가
새에게 잡아먹히면, 유미유충은 새의 장에서 성체로 발달한다.

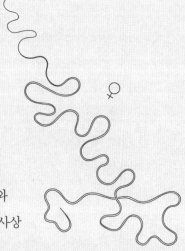

그림 G.18. 리토모소이데스속의 일종.

선충. 선충문. 크기: 15~25밀리미
터(수컷); 50~120밀리미터(암컷).
폭: 0.1밀리미터. 중간숙주: 응애. 고
유숙주: 아메리카 대륙에 서식하는
설치류, 박쥐, 유대류. 이 기생충은 형
태가 길고 가늘며 포유류 숙주의 복부와
흉막강에 산다. 짝짓기한 암컷이 미세사상

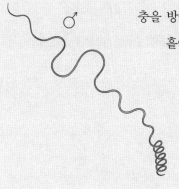

충을 방출하면, 순환계 전체로 미세사상충이 흩어진다. 미세사상충은 응애를 매개체로 삼아 다른 숙주로 옮겨 간다. 이는 외부기생물을 이용해 새로운 숙주로 이동하는 내부기생물의 한 사례다.

그림 G.19. 모닐리포르미스 모닐리포르미스.

구두충. 구두동물문. 크기: 5센티미터(수컷) 최대 30센티미터(암컷). 중간숙주: 딱정벌레와 바퀴벌레. 고유숙주: 설치류를 포함한 소형 포유류. 모닐리포르미스 모닐리포르미스 성체는 숙주의 소장에서 산다. 암컷이 수컷과 짝짓기하고 알을 낳으면, 알은 숙주의 똥에 섞여 배출된다. 바퀴벌레와 딱정벌레가 감염된 똥을 섭취한다. 두 곤충에서 부화한 유충은 감염성인 시스타칸스cysta-canth 단계로 발달한다. 포유류가 감염된 곤충을 잡아먹으면, 시스타칸스는 숙주 포유류의 소장에서 성체로 발달한다.

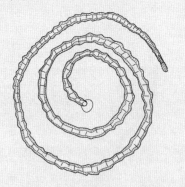

그림 G.20. 믹소볼루스 세레브랄리스.

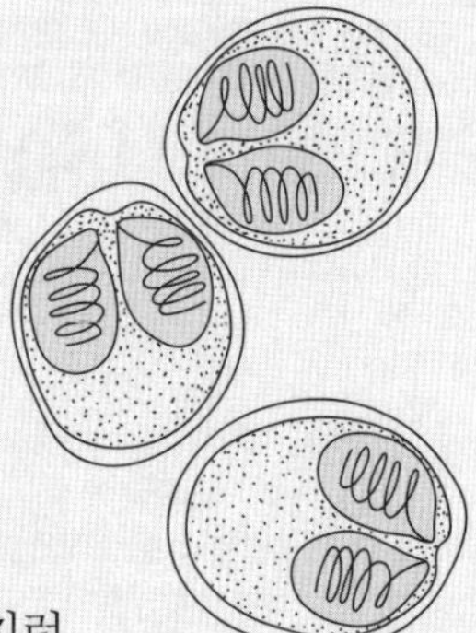

점액포자충. 자포동물문. 크기: 7.5~400마이크로미터. 중간숙주: 환형동물. 고유숙주: 물고기. 믹소볼루스 세레브랄리스는 해파리와 산호의 먼 친척으로, 물고기가 원을 그리며 헤엄 치도록 만든다는 특징에서 이름을 딴 '선 회병'을 유발한다. 이 기생충은 연어 와 송어에서 중추 신경을 비롯한 여 러 조직을 침범한다. 숙주가 더 큰 물 고기 또는 물고기를 포식하는 새에게 잡아먹히면, 믹소볼루스 세레브랄리스는 포자를 방출한다. 포자는 진흙에 사는 실지렁 이에게 먹힌 뒤 실지렁이의 장에서 감염성 유충 으로 발달한다. 감염성 유충은 실지렁이 똥에 섞여 배출된 뒤 새로 운 숙주 물고기를 감염시킨다.

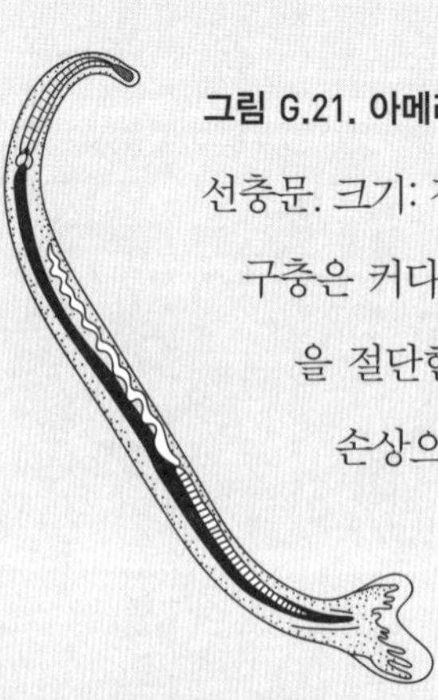

그림 G.21. 아메리카구충(신세계구충).

선충문. 크기: 길이 5~14밀리미터. 숙주: 인간. 아메리카 구충은 커다란 입안에 돋은 날카로운 이빨로 장 조직 을 절단한다. 따라서 심각한 경우 장 내부 표면의 손상으로 심각한 출혈과 빈혈을 일으킬 수 있다. 아메리카구충 성체의 암컷과 수컷은 숙 주의 소장에서 짝짓기하며, 암컷 한 마리가 하루에 최대 9,000개의 알을 낳는다. 알은 숙주의 똥에 섞여 배출되고, 똥이 풍부한 토양에 알에서 부화한 유약충이 산다. 이 같은 토양을 인간이 접촉하면, 유약충은 인간의 피부를 뚫고 들어가 폐로 이동한 뒤 기침할 때 다시 삼켜진다. 유약충은 인간의 소장에서 성체로 발달하고 수년간 머무른다.

그림 G.22. 회선사상충.

강변실명증 원인 기생충. 선충문. 크기: 23~70센티미터(암컷), 1.55센티미터 (수컷). 중간숙주: 먹파리. 고유숙주: 인간. 회선사상충 성체는 인간 숙주의 피부 속 섬유 결절에서 산다. 알에서 부화한 미세사상충은 피부 조직 내에서 쉬지 않고 이동한다. 매개체인 암컷 먹파리가 혈액을 빨아먹을 때 미세사상충도 삼키면, 미세사상충은 먹파리의 체내에서 세 번 탈피한 뒤 침샘으로 이동한다. 이 먹파리가 다른 인간을 물면, 미세사상충은 침에 섞여 새로운 인간 숙주에게 전달된다. 미세사상충은 다양한 피부 병변을 초래하고, 특히 눈에 염증을 일으켜 시력을 잃게 하는 심각한 결과를 불러온다.

그림 G.23. 오르토한타바이러스속.

한타바이러스. 크기: 100~300나노미터. 오르토한타바이러스속은
설치류, 박쥐, 땃쥐, 두더지를 감염시키는 RNA 바이러스를 아우르
는 거대한 집단이다. 한타바이러스는 복제 과정에
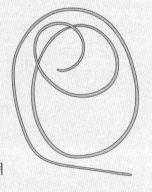
서 숙주 세포막의 일부분을 가져와 바
이러스 입자를 감싼다. 이 바이러스
는 대개 감염된 쥐가 배설한 똥이나
오줌으로 전염된다. 그리고 일반적
으로 자연숙주에는 거의 영향을 미치지
않는다. 인간은 대개 감염된 설치류와 접촉하
면 한타바이러스에 감염된다. 1990년대에 발견된 북
미 한타바이러스는 인간 목숨을 위협하는 인수공통전염병인 한타
바이러스 폐증후군을 일으킨다.

그림 G.24. 파라고르디우스 트리쿠스피다투스.

구세계 유선형동물. 유선형동물문.
크기: 120~310밀리미터. 폭: 0.09
~0.4 밀리미터. 숙주: 수생 무척추
동물과 육상 귀뚜라미와 메뚜기.
고유숙주: 없음, 성체는 자유 생활
을 함. 성체는 개울과 민물 연못에
서 짧은 삶을 산다. 성체는 짝짓기하려

고 모인 모습이 마치 얽힌 실뭉치처럼 보여서 고르디우스 벌레라고도 불린다. 이들은 물속 나뭇가지에 알을 낳는다. 알은 달팽이나 곤충처럼 몸집이 더 큰 무척추동물에게 잡아먹힌 뒤 부화하여 숙주의 내장을 뚫고 나와 포낭을 형성한다. 숙주는 수분 부족으로 죽고 귀뚜라미나 메뚜기에게 먹힌다. 파라고르디우스 트리쿠스피다투스의 유충은 새로운 숙주의 내장을 뚫고 나와 체강에서 신발 끈만큼 길게 자란다. 이 유충은 귀뚜라미를 죽이지는 않지만, 몸의 상당 부분을 차지한다. 숙주 체내에서 완전히 발달한 뒤, 성체는 귀뚜라미가 물속으로 뛰어들도록 신경계를 조종한다. 귀뚜라미가 물에 빠지면 몇 분 이내에, 기다란 실 모양의 성체가 귀뚜라미 몸 밖으로 나온다.

그림 G.25. 파라스피도데라 웅키나타. (일러스트: 스콧 가드너).

투코투코 감염성 기생충. 선충문. 크기: 길이 10~28밀리미터. 중간 숙주: 없음. 고유숙주: 투코투코류. 파라스피도데라속은 투코투코류, 아구티, 파카, 기니피그, 땅다람쥐 등 남아메리카와 멕시코 고유종인 설치류에 산다. 그리고 설치류의 맹장에 살면서 짝짓기하고 숙주의 똥에 알을 낳는다. 굴을 공유하는 설치류들은 우연히 파라스피도데라속의 알을 삼키게 된다. 이 기생충에 관한 남아메리카 설치류와 그들의 기생충이 어떻게 진화했는지 단서를 제공한다.

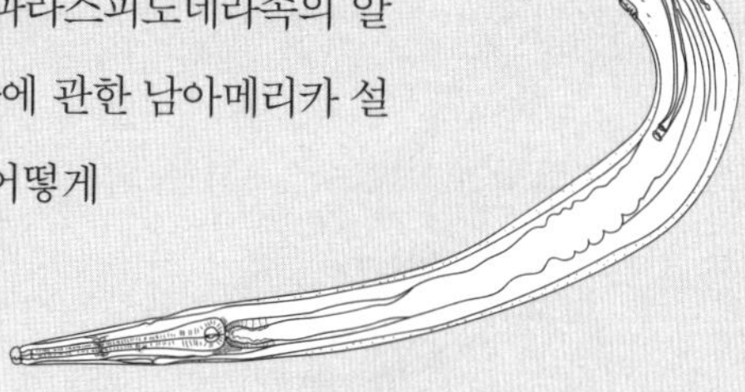

그림 G.26. 플라켄토네마 기간티시마.

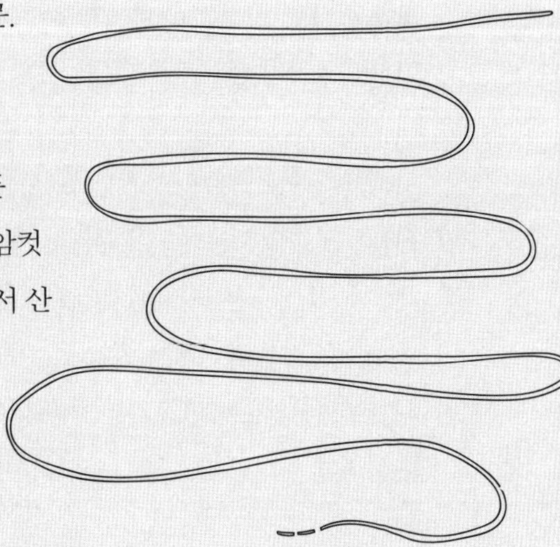

고래 감염성 대형 선충. 선충문.
크기: 길이 2~8미터. 폭: 2.5
센티미터. 중간숙주: 알려지
지 않음. 고유숙주: 향고래. 플
라켄토네마 기간티시마는 암컷
향고래의 태반, 자궁, 유선에서 산
다. 이 기생충의 알려진 유
일한 표본은 캘리포니아
포경 기지가 구축된 초기
에 채집되었다. 세계에서 가
장 큰 선충류로 여겨지지만, 이 선충
의 생물학적 정보는 거의 알려지지 않았다.

그림 G.27. 플라코브델로이데스 야이게르스키오일디.

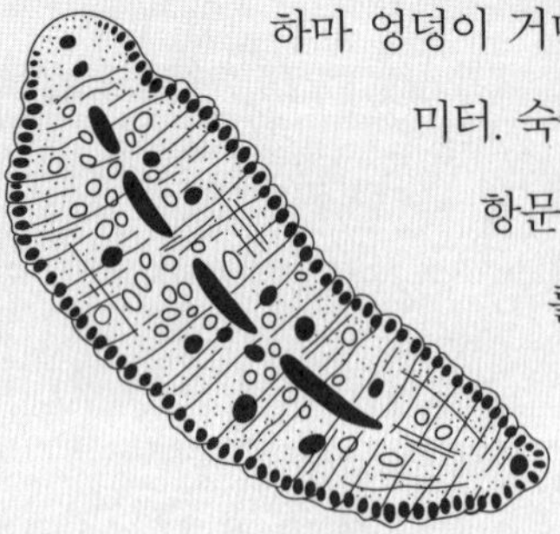

하마 엉덩이 거머리. 환형동물문. 크기: 27~30밀리
미터. 숙주: 하마. 이 독특한 거머리는 하마의
항문 주름에 산다. 이들은 단순한 생활사
를 영위하며, 자웅동체이지만 개체들
이 서로 만나 짝짓기하고 알을 낳
는다. 알은 딱딱한 표면에 부착

된 고치 속에 들어 있다. 거머리 유약충은 성체와 비슷하며 유생 단계는 존재하지 않는다. 거머리는 대부분 먹이를 섭취한 뒤 숙주에서 떨어져 나와 개울 바닥에서 살며, 때로는 수개월 동안 먹이를 먹지 않는다.

그림 G.28. 플라기오르힌쿠스 킬린드라케우스.

구두충. 구두동물문. 크기: 4~13밀리미터. 중간숙주: 흙에서 사는 등각류. 고유숙주: 명금류. 플라기오르힌쿠스 킬린드라케우스는 찌르레기, 울새 등 명금류의 장에서 살고 짝짓기한다. 이들의 알은 새똥에 섞여 배출된 뒤 등각류에게 먹힌다. 알은 등각류에서 부화하고 체강으로 침투해 시스타칸스 유충으로 발달한다. 유충은 등각류의 먹이 활동을 촉진하고 빛 회피 행동을 저하시켜, 등각류 숙주가 새에게 발각되어 잡아먹힐 가능성을 높인다. 감염된 등각류가 명금류에게 먹히면, 플라기오르힌쿠스 킬린드라케우스의 유충은 명금류의 장에서 성체로 발달한다.

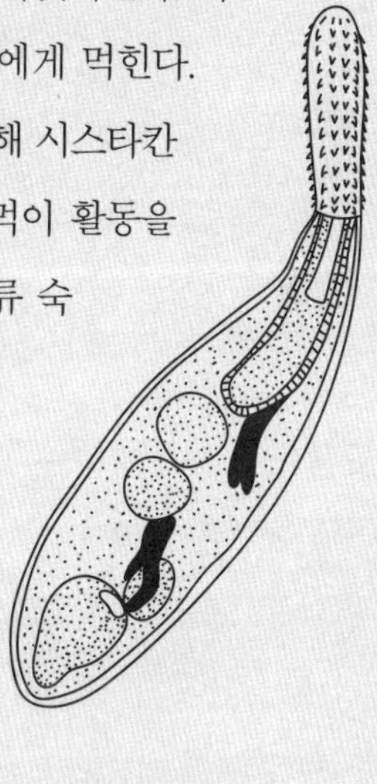

그림 G.29. 열대열원충.

정단복합체충류. 원생생물. 크기: 1~20마이크로미터. 중간숙주: 영장류. 고유숙주: 학질모기. 열대열원충은 학질모기 체내에 살며, 장 내층에서 유성생식한다. 수정 뒤 난포낭에서 방출된 포자소체는 학질모기의 침샘으로 이동한다. 학질모기가 영장류의 피를 빨 때, 열대열원충이 모기의 침에 섞여 숙주의 혈액으로 주입된다. 주입된 열대열원충은 처음에는 숙주의 간세포에서 증식하다가 나중에 적혈구를 침범한다. 이 기생충은 열원충속에 속하는 가장 치명적인 기생충 종이다. 열대 지역에서 발생하고, 악성 삼일열말라리아tertian malaria를 유발하며, 이 질병의 환자는 대부분 어린아이이다.

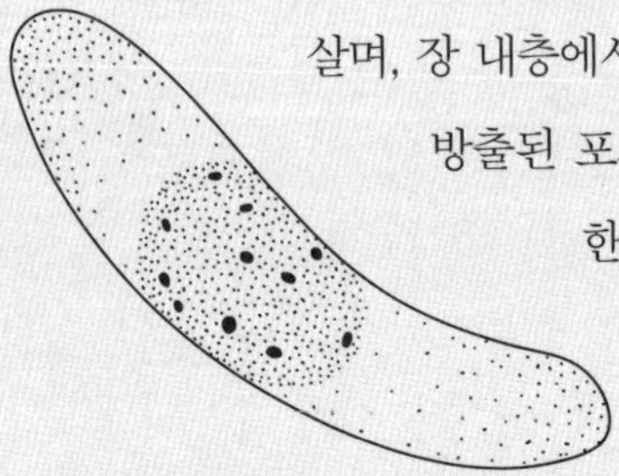

그림 G.30. 폴리모르푸스 미누투스.

구두충. 구두동물문. 크기: 3~12밀리미터. 중간숙주: 민물에 사는 단각목. 고유숙주: 물새. 폴리모르푸스 미누투스는 조류 숙주의 소장에서 짝짓기하고 알을 낳는다. 알은 새똥에 섞여 배출되고 단각목에게 먹힌 뒤 부화해 시스타칸스 유충

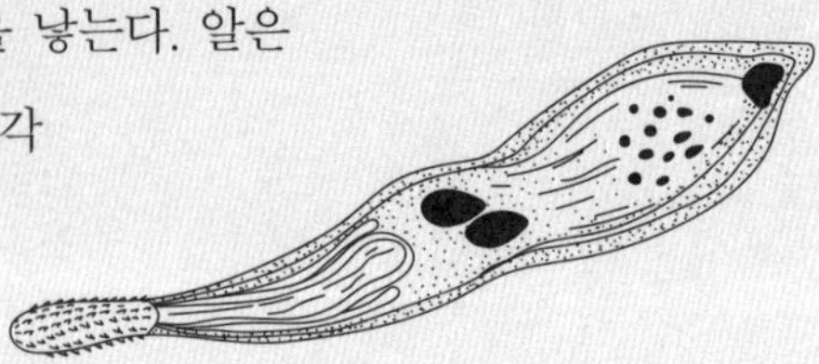

으로 발달한다. 이 유충은 단각목 숙주가 빛에 이끌리도록 조종한다. 감염된 단각목이 수면에서 헤엄치면서 물속 물질이 단각목의 몸에 달라붙으면, 물새에게 잡아먹힐 확률이 상승한다. 새의 몸속으로 들어간 유충은 장에 달라붙어 성체로 발달한다.

그림 G.31. 프로토스피루라 아스카로이데아.

선충. 선충문. 크기: 길이 3~9밀리미터, 폭 0.4밀리미터. 중간숙주: 곤충. 고유숙주: 설치류. 프로토스피루라 아스카로이데아는 여러 설치류 종의 위에서 산다. 설치류의 똥에 섞여 배출된 알을 곤충이 삼키면, 곤충의 체내에서 부화한 유약충이 포낭을 형성한다. 설치류가 감염된 곤충을 잡아먹으면, 유약충은 설치류의 위에서 성체로 발달해 짝짓기하고 알을 낳는다.

그림 G.32. 프세우도코리노소마 콘스트릭툼.

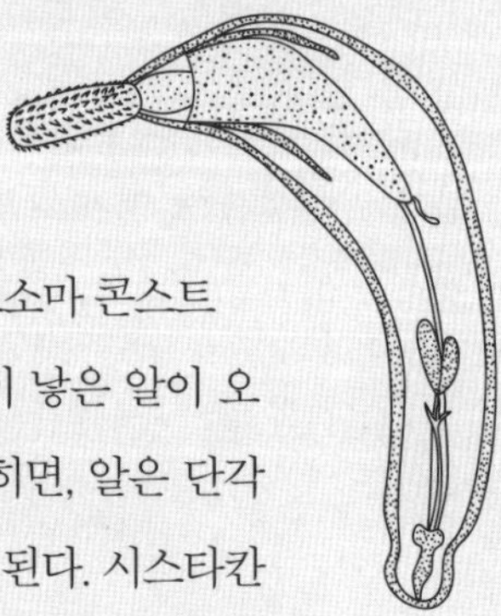

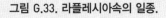

구두충. 구두동물문. 크기: 2.2~4.3
밀리미터. 중간숙주: 단각목. 고유숙
주: 오리를 포함한 물새. 프세우도코리노소마 콘스트
릭툼 성체는 오리의 장에서 산다. 암컷이 낳은 알이 오
리 똥에 섞여 배출된 뒤 단각목에게 먹히면, 알은 단각
목 체내에서 부화해 시스타칸스 유충이 된다. 시스타칸
스 유충은 발달하면서 밝은 오렌지색으로 변하므로, 단
각목의 반투명한 큐티클을 통해 유충의 색이 비친다. 새가 단각목
을 잡아먹으면, 유충은 새의 장벽에 붙어 성체로 발달한다.

그림 G.33. 라플레시아속의 일종.

시체백합. 현화식물문.
크기: 5센티미터~1미
터. 숙주: 다른 속씨식
물. 이 기생 식물은 동
남아시아에서도 주로 인
도네시아, 말레이시아, 필
리핀에서 발견된다. 라플레시아
속의 한 종은 알려진 식물 가운데 꽃이 가장
크다. 잎은 없지만, 식물 숙주의 줄기나 뿌리로 들어가 영양소를 흡

수하는 뿌리 형태의 구조(기생근)을 발달시킨다. 이 식물에서 가장 눈에 띄는 특징은 부패하는 사체의 냄새와 색을 지닌다는 점으로, 피리와 딱정벌레를 유혹해 꽃가루를 피뜨린다. 씨앗은 나무두더지처럼 과일을 먹는 소형 포유류의 똥에 섞여 널리 퍼진다.

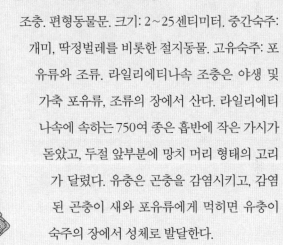

그림 G.34. 라일리에티나속의 일종.

조충. 편형동물문. 크기: 2~25센티미터. 중간숙주: 개미, 딱정벌레를 비롯한 절지동물. 고유숙주: 포유류와 조류. 라일리에티나속 조충은 야생 및 가축 포유류, 조류의 장에서 산다. 라일리에티나속에 속하는 750여 종은 흡반에 작은 가시가 돋았고, 두절 앞부분에 망치 머리 형태의 고리가 달렸다. 유충은 곤충을 감염시키고, 감염된 곤충이 새와 포유류에게 먹히면 유충이 숙주의 장에서 성체로 발달한다.

그림 G.35. 란소무스 로덴토룸.

땅다람쥐 기생성 선충. 선충문. 크기: 길이 8~9.2 밀리미터. 중간숙주: 알려지지 않음. 고유숙주: 땅다람쥐. 란소무스 로덴토룸의 성체는 땅다람쥐의 맹장과 대장에서 산다. 땅다람쥐 한 마리에는 비교적 적은 수의 개체가 사는데, 보통 5~6마리 이하다. 숙주 체내의 기생충 밀도를 제한하는 원인이 무엇인지, 이를테면 선충들이 경쟁한 결과인지, 아니면 땅다람쥐의 면역 체계가 작용한 결과인지는 아직 밝혀지지 않았다.

그림 G.36. 만손주혈흡충.

주혈흡충. 편형동물문, 크기: 길이 10~20밀리미터, 폭 0.8~1밀리미터. 중간숙주: 비옴팔라리아속 달팽이. 고유숙주: 설치류와 영장류. 인간의 몸에서, 만손주혈흡충 성체는 대장에서 간으로 혈액을 운반하는 간문맥portal vein에

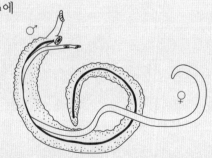

산다. 만손주혈흡충은 다른 흡충류와 다르게 암컷과 수컷이 따로 존재하며, 암수가 서로 연결된 상태를 영구적으로 유지한다. 암컷은 매

일 알 수백 개를 낳고, 이 알들은 혈액을 타고 이동한다. 알의 약 3분의 2는 간과 다른 장기에 갇혀 숙주 체내에 잔류한다. 나머지 3분의 1은 대변에 섞여 배출된다. 섬모유충은 물에서 부화해 비옴팔라리아속 달팽이를 찾아 헤엄친다. 달팽이 체내로 들어간 섬모유충은 소화샘으로 이동해 번식하고, 마침내 두 갈래로 갈라진 꼬리를 지닌 유미유충을 생성한다. 유미유충은 달팽이에서 빠져나온 뒤 수면으로 헤엄친다. 사람들, 대개 어린이가 물속을 걷거나 헤엄칠 때, 유미유충은 사람 피부 중 부드러운 부위를 통해 침투한다.

그림 G.37. 무구조충(쇠고기조충).

편형동물문. 크기: 길이 4~12미터, 폭 1센티미터. 중간숙주: 소. 고유숙주: 인간. 무구조충의 성충은 인간의 소장에서 매일 알 수만 개를 낳는다. 인간의 똥에 섞여 배출된 알은 위생이 열악한 지역에 조성된 방목지를 오염시킨다. 소가 오염된 풀을 뜯어 먹으며 무구조충의 알도 함께 삼키면, 알은 부화해 장을 뚫고 나와 근육 조직으로 이동한다. 인간이 익히지 않거나 덜 익은 쇠고기를 섭취하면서 감염성 무구조충의 유충을 삼키면, 유충이 인간의 장에서 성체로 발달한다.

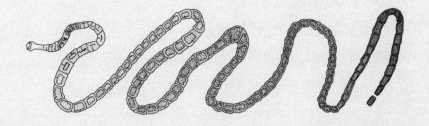

그림 G.38. 테트라고노포루스 칼립토케팔루스.

고래 감염성 조충. 편형동물문. 크기: 최대 30미터. 1차 중간숙주: 해양 갑각류, 2차 중간숙주: 바닷물고기 또는 오징어. 고유숙주: 향고래. 테트라고노포루스 칼립토케팔루스는 길이가 가장 긴 조충으로 손꼽힌다. 이들의 생태는 거의 알려진 바 없지만, 이 기생충과 친척 관계인 두 가지 조충 종은 1차 중간숙주로 작은 플랑크톤 갑각류를, 2차 중간숙주로 그 갑각류를 먹고 사는 물고기와 오징어를 이용한다. 중간숙주들이 향고래에게 잡아먹히면, 조충은 향고래의 소장에서 성체로 발달하며 길이가 길어진다. 향고래의 똥을 분석한 결과 테트라고노포루스 칼립토케팔루스는 일부 지역에서 특히 흔하며, 이는 향고래가 섭취하는 먹이가 지역별로 차이가 있음을 시사한다.

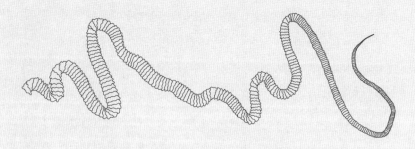

그림 G.39. 톡소포자충.

정단복합체충류. 원생생물. 크기: 9~13마이크로미터. 중간숙주: 척추동물. 고유숙주: 고양이. 톡소포자충은 모든 고양이의 장 세포에 살고 번식하며, 이들이 생성한 난포낭은 고양이 똥에 섞여 배출

된다. 난포낭은 극한 환경에도 잘 버티며 수개월 동안 생존할 수 있다. 척추동물(쥐, 새, 개, 인간)이 난포낭을 섭취하면, 톡소포자충은 혈류를 타고 다니며 다양한 기관에 포낭을 형성하고 순식간에 증식하는데, 숙주의 면역계가 반응하면 증식 속도가 느려진다. 감염된 척추동물이 고양이에게 잡아먹히면, 톡소포자충은 포낭에서 빠져나와 고양이의 장 세포를 침투해 유성생식하고 난포낭을 형성한다. 원생생물은 중간숙주에 영구히 잔류하므로, 감염 이후 중간숙주가 에이즈 등 면역계를 약화하는 질병에 노출되면 톡소포자충이 빠르게 발달해 치명적인 질병을 일으킨다. 임산부 체내에서는 태반을 가로질러 발달 중인 태아의 뇌를 감염시킨다.

그림 G.40. 편충.

선충문. 크기: 3~5센티미터. 숙주: 인간.
편충 성체는 대장에 살고, 암컷이 매일 알
수천 개를 낳으면 숙주의 똥에 섞여 배출된
다. 인간이 감염성 알을 우연히 삼키면, 인간의 장에서
부화한 유약충은 몸 앞쪽 끝을 장 점막에 파묻고 성
체로 발달한다. 편충은 인간의 장에서 수년 동안
살 수 있다. 편충 감염은 열대와 따뜻한 온대
지역에서 흔하다.

그림 G.41. 크루스파동편모충.

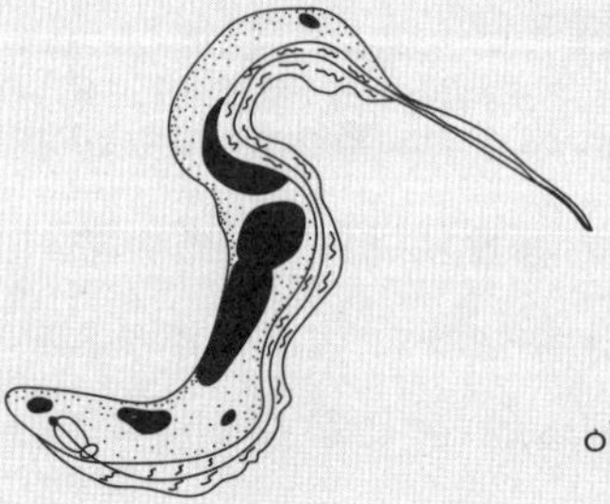

신세계 파동편모충. 원생생물. 크기: 16~20마이크로미터. 숙주: 포유류. 크루스파동편모충은 아메리카 대륙에서 샤가스병을 일으킨다. 이들은 포유류를 감염시키고, 대개 숙주의 심장 근육을 비롯한 근육 조직에 숨는다. 그리고 감염성 상태로 혈류를 타고 돌아다닌다. 침노린재과에 속하는 키스벌레는 척추동물 숙주에서 혈액을 빠는 동안, 혈액과 함께 기생충도 삼킨다. 키스벌레 몸속에서 대량 증식한 크루스파동편모충은 키스벌레의 뒤창자hind gut에 남아 있다가 똥에 섞여 배출된다. 키스벌레는 척추동물의 혈액을 빠는 동안 척추동물의 피부에 똥을 배출한다. 피부의 긁힌 상처나 점막을 통해 인간 체내로 들어간 크루스파동편모충은 백혈구에게 잡아먹히거나, 증식하거나, 근육을 포함한 다른 조직으로 이동한다.

그림 G.42. 우불리페르 암블로플리티스.

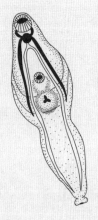

검은점흡충. 편형동물문. 크기: 1.3~2.3밀리미터. 1차 중간숙주: 달팽이. 2차 중간숙주: 작은 물고기. 고유숙주: 물고기를 잡아먹는 새, 특히 물총새. 새 숙주에 기생하는 우불리페르 암블로플리티스 성체가 낳은 알은 새똥에 섞

여 배출된다. 물에서 부화한 섬모유충은 헤엄쳐서 물달팽이 몸속으로 침투한다. 섬모유충은 달팽이 몸속에서 여러 단계를 거쳐 발달하고 증식한 끝에 유미유충을 생성한다. 유미유충은 달팽이 몸 밖으로 빠져나오고 수면으로 올라가 물고기와 만난다. 그리고 물고기의 피부를 뚫고 들어가 포낭을 형성하면, 포낭이 검은색으로 변한다. 감염된 물고기가 물총새에게 잡아먹히면, 유미유충이 성체로 발달한다.

그림 G.43. 유럽겨우살이.

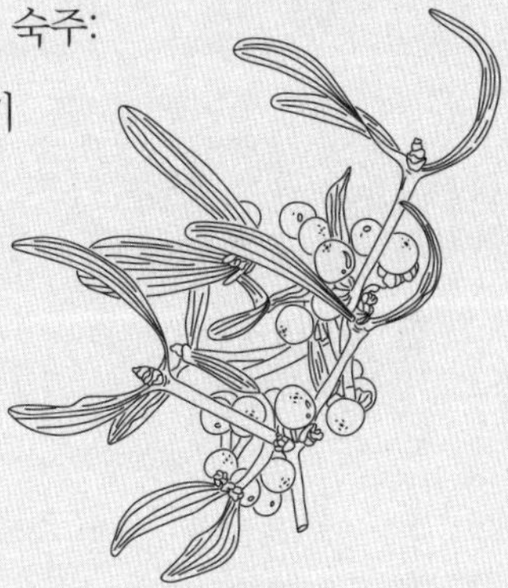

현화식물문. 크기: 10~150센티미터. 숙주: 다양한 나무. 겨우살이는 나무에서 기생하며 식물 숙주로부터 물과 필수 영양소를 훔친다. 이들은 또한 필요한 영양소를 광합성하기도 한다. 겨우살이는 새가 좋아하는 열매를 맺어 새로운 숙주로 씨앗을 퍼뜨린다. 씨앗은 점성이 있고 끈적끈적한 과육으로 둘러싸인 까닭에 종종 새의 부리에 달라붙는다. 새가 여기저기 돌아다니며 끈적한 무임승차자인 겨우살이 씨앗을 부리에서 긁어내면, 그 씨앗이 새로운 식물 숙주에 뿌리내린다. 겨우살이가 기생하면 나무 숙주는 스트레스를 받아 감염병을 포함한 다양한 질병과 가뭄 등에 더 취약해진다.

그림 G.44. 볼바키아속의 일종.

세균. 알파프로테오박테리아. 크기: 0.8~1.5마이크로미터. 숙주: 절지동물과 선충류. 볼바키아속 세균은 그람 음성균gram-negative bacteria으로 절지동물(곤충, 거미, 갑각류)과 일부 선충류를 감염시킨 다. 일부 볼바키아속 종은 기생생활을 하지만, 다른 볼바키아속 종 은 서로 이익을 주고받는 공생 관계를 유지한다. 어떤 경우는 강력 한 공생 관계를 이루며 기생충과 숙 주 모두 자신의 생존을 상대에 게 의존하기도 한다.

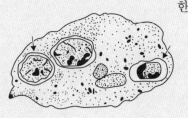

참고문헌

Abollo, Elvira, Camino Gestal, Alfredo López, Ángel F. González, Angel Guerra, and Santiago Pascual. 1998. "Squid as Trophic Bridges for Parasite Flow within Marine Ecosystems: The Case of *Anisakis simplex* (Nematoda: Anisakidae), or When the Wrong Way Can Be Right." *African Journal of Marine Science* 20.

Agosta, Salvatore J., Niklas Janz, and Daniel R. Brooks. 2010. "How Specialists Can Be Generalists: Resolving the 'Parasite Paradox' and Implications for Emerging Infectious Disease." *Zoologia (Curitiba)* 27 (2): 151–62. https://doi.org/10.1590/S1984-46702010000200001.

Amin, Omar M. 2013. "Classification of the Acanthocephala." *Folia Parasitologica* 60 (4): 273–305. https://doi.org/10.14411/fp.2013.031.

Anderson, Roy Clayton, Alain Gabriel Chabaud, and Sheila Willmott, eds. 2009. *Keys to the Nematode Parasites of Vertebrates*. CABI.

Anderson, Sydney. 1997. "Mammals of Bolivia: Taxonomy and Distribution." *Bulletin of the American Museum of Natural History*, no. 231. http://digitallibrary.amnh.org/handle/2246/1620. André, Amélie v Saint, Nathan M. Blackwell, Laurie R. Hall, Achim Hoerauf, Norbert W. Brattig, Lars Volkmann, Mark J. Taylor, et al. 2002. "The Role of Endosymbiotic Wolbachia Bacteria in the Pathogenesis of River Blindness." *Science* 295 (5561): 1892–95. https://doi.org/10.1126/science.1068732.

Anonymous. 1935. "*Ascaris* Infection and the Bore-Hole Latrine." *Indian Medical Gazette*, June. Araújo, Adauto, Ana Maria Jansen, Karl Reinhard, and Luiz Fernando Ferreira. 2009. "Paleoparasitology of Chagas Disease: A Review." *Memórias Do Instituto Oswaldo Cruz* 104: 9–16. https://doi.org/10.1590/S0074-02762009000900004.

Araújo, Adauto, Adriana Rangel, and Luiz Fernando Rocha Ferreira. 1993. "Climatic Change in Northeastern Brazil: Paleoparasitological Data." *Memórias Do Instituto Oswaldo Cruz* 88 (4): 577–79.

Araújo, Adauto, Karl J. Reinhard, Luiz Fernando Ferreira, and Scott L. Gardner. 2008. "Parasites as Probes for Prehistoric Human Migrations?" *Trends in Parasitology* 24 (3): 112–15. https:// doi.org/10.1016/j.pt.2007.11.007.

Araújo, Adauto, Karl J. Reinhard, Luiz Fernando Ferreira, Elisa Pucu, and Pedro Paulo Chieffi. 2013. "Paleoparasitology: The Origin of Human Parasites." *Arquivos de Neuro-Psiquiatria* 71 (9B): 722–26. https://doi.org/10.1590/0004-282X20130159.

Araujo, Sabrina B. L., Mariana Pires Braga, Daniel R. Brooks, Salvatore J. Agosta, Eric P. Hoberg, Francisco W. von Hartenthal, and Walter A. Boeger. 2015. "Understanding Host-Switching by Ecological Fitting." *PLOS ONE* 10 (10): e0139225. https://doi.org/10.1371/journal.pone.0139225.

Auld, Stuart K.J.R., and Matthew C. Tinsley. 2015. "The Evolutionary Ecology of Complex Lifecycle Parasites: Linking Phenomena with Mechanisms." *Heredity* 114 (2): 125–32. https://doi.org/10.1038/hdy.2014.84.

Baker, Robert J., and Robert D. Bradley. 2006. "Speciation in Mammals and the Genetic Species Concept." *Journal of Mammalogy* 87 (4): 643–62. https://doi.org/10.1644/06-MAMM-F-038R2.1.

Banyard, Ashley C., David Hayman, Nicholas Johnson, Lorraine McElhinney, and Anthony R. Fooks. 2011. "Chapter 12—Bats and Lyssaviruses." In *Advances in Virus Research Volume 79*, edited by Alan C. Jackson, 79:239–89. Research Advances in Rabies. Academic Press. https:// doi.org/10.1016/B978-0-12-387040-7.00012-3.

Bar-On, Yinon M., Rob Phillips, and Ron Milo. 2018. "The Biomass Distribution on Earth." *Proceedings of the National Academy of Sciences* 115 (25): 6506–11.

Basáñez, María-Gloria, Sébastien D. S. Pion, Thomas S. Churcher, Lutz P. Breitling, Mark P. Little, and Michel Boussinesq. 2006. "River Blindness: A Success Story under Threat?" *PLOS Medicine* 3 (9): e371. https://doi.org/10.1371/journal.pmed.0030371.

Bataille, Arnaud, Iris I. Levin, and Eloisa H. R. Sari. 2018. "Colonization of Parasites and Vectors." In *Disease Ecology: Galapagos Birds and Their Parasites*, edited by Patricia G. Parker, 45–79. Social and Ecological Interactions in the Galapagos Islands. Cham: Springer International Publishing.

https://doi.org/10.1007/978-3-319-65909-1_3.

Batsaikhan, Nyamsuren, Bayarbaatar Buuveibaatar, Bazaar Chimed, Oidov Enkhtuya, Davaa Galbrakh, Oyunsaikhan Ganbaatar, Badamjav Lkhagvasuren, et al. 2014. "Conserving the World's Finest Grassland amidst Ambitious National Development." *Conservation Biolog y* 28 (6): 1736–39. https://doi. org/10.1111/cobi.12297.

Bauer, Alexandre, Eleanor R. Haine, Marie-Jeanne Perrot-Minnot, and Thierry Rigaud. 2005. "The Acanthocephalan Parasite *Polymorphus minutus* Alters the Geotactic and Clinging Behaviours of Two Sympatric Amphipod Hosts: The Native *Gammarus pulex* and the Invasive *Gammarus roeseli.*" *Journal of Zoology* 267 (1): 39–43. https://doi.org/10.1017/S0952836905007223.

Bavestrello, Giorgio, Attilio Arillo, Barbara Calcinai, Riccardo Cattaneo-Vietti, Carlo Cerrano, Elda Gaino, Antonella Penna, and Michele Sara. 2000. "Parasitic Diatoms inside Antarctic Sponges." *Biological Bulletin* 198 (1): 29–33.

Benedict, Russell, Patricia Freeman, Hugh Genoways, Freed B. Samson, and Fritz L. Knopf. 1996. "Prairie Legacies—Mammals." In *Prairie Conservation: Preserving North America's Most Endangered Ecosystem*, 149–66. Island Press.

Benton, Bruce, Jesse Bump, Azodoga Sékétéli, and Bernhard Liese. 2002. "Partnership and Promise: Evolution of the African River-Blindness Campaigns." *Annals of Tropical Medicine & Parasitology* 96 (sup1): S5–14. https://doi.org/10.1179/000349802125000619.

Bethel, William M., and John C. Holmes. 1973. "Altered Evasive Behavior and Responses to Light in Amphipods Harboring Acanthocephalan Cystacanths." *Journal of Parasitology* 59 (6): 945–56. https://doi.org/10.2307/3278623.

———. 1974. "Correlation of Development of Altered Evasive Behavior in *Gammarus lacustris* (Amphipoda) Harboring Cystacanths of *Polymorphus paradoxus* (Acanthocephala) with the Infectivity to the Definitive Host." *Journal of Parasitology* 60 (2): 272–74. https://doi.org/10.2307/3278463.

———. 1977. "Increased Vulnerability of Amphipods to Predation Owing to Altered Behavior Induced by Larval Acanthocephalans." *Canadian Journal of Zoology* 55 (1). https://doi.org/10.1139/z77-013.

Biggs, Alton. 2002. *Glencoe: Life Science*. New York: Glencoe/McGraw-Hill.

Black, Craig C. 1989. *Loss of Biological Diversity: A Global Crisis Requiring International Solutions. A Report to the National Science Board*. Vol. 89. Washington, D.C.: National Science Foundation. Blakeslee, April M. H., Irit Altman, A. Whitman Miller, James E. Byers, Caitlin E. Hamer, and Gregory M. Ruiz. 2012. "Parasites and Invasions: A Biogeographic Examination of Parasites and Hosts in Native and Introduced Ranges." *Journal of Biogeography* 39 (3): 609–22. https://doi.org/10.1111/j.1365-

2699.2011.02631.x.

Blanks, Jack, Frank Richards, F. Beltrán, R. Collins, Edmundo Álvarez, Guillermo Zea Flores, B. Bauler, et al. 1998. "The Onchocerciasis Elimination Program for the Americas: A History of Partnership." *Revista Panamericana de Salud Pública* 3 (6): 367–74. https://doi.org/10.1590/S1020-49891998000600002.

Bleed, Ann Salomon, and Charles Flowerday. 1989. *An Atlas of the Sand Hills*. Resource Atlas, No. 5. Conservation and Survey Division, Institute of Agriculture and Natural Resources, University of Nebraska-Lincoln.

Blend, Charles K., Norman O. Dronen, Gabor R. Racz, and Scott L. Gardner. 2017. "*Pseudopecoelus mccauleyi* n. sp. and *Podocotyle* sp. (Digenea: Opecoelidae) from the Deep Waters off Oregon and British Columbia with an Updated Key to the Species of *Pseudopecoelus* von Wicklen, 1946 and Checklist of Parasites from *Lycodes cortezianus* (Perciformes: Zoarcidae)." *Acta Parasitologica* 62 (2): 231–54. https://doi.org/10.1515/ap-2017-0031.

Boeger, Walter A., and Delane C. Kritsky. 1997. "Coevolution of the Monogenoidea (Platyhelminthes) Based on a Revised Hypothesis of Parasite Phylogeny." *International Journal for Parasitology* 27 (12): 1495–1511. https://doi.org/10.1016/S0020-7519(97)00140-9.

Bolek, Matthew G., and John Janovy Jr. 2008. "Alternative Life Cycle Strategies of *Megalodiscus temperatus* in Tadpoles and Metamorphosed Anurans." *Parasite* 15 (3): 396–401. https://doi.org/10.1051/parasite/2008153396.

Bolek, Matthew G., Andreas Schmidt-Rhaesa, L. Cristina De Villalobos, and Ben Hanelt. 2015. "Chapter 15—Phylum Nematomorpha." In *Thorp and Covich's Freshwater Invertebrates (Fourth Edition)*, edited by James H. Thorp and D. Christopher Rogers, 303–26. Boston: Academic Press. https://doi.org/10.1016/B978-0-12-385026-3.00015-2.

Bomberger, Mary L., Shelly L. Shields, A. Tyrone Harrison, and Kathleen H. Keeler. 1983. "Comparison of Old Field Succession on a Tallgrass Prairie and a Nebraska Sandhills Prairie." *Prairie Naturalist* 13 (1): 9–15.

Borup, Lance H., John S. Peters, and Christopher R. Sartori. 2003. "Onchocerciasis (River Blindness)." *Cutis* 72: 297–302.

Brant, Sara V., and Scott L. Gardner. 1997. "Two New Species of *Litomosoides* (Nemata: Onchocercidae) from *Ctenomys opimus* (Rodentia: Ctenomyidae) on the Altiplano of Bolivia." *Journal of Parasitology* 83 (4): 700–705. https://doi.org/10.2307/3284249.

———. 2000. "Phylogeny of Species of the Genus *Litomosoides* (Nematoda: Onchocercidae): Evidence of Rampant Host Switching." *Journal of Parasitology* 86 (3): 545–54. https://doi.org/10.1645/0022-3395(2000)086[0545:POSOTG]2.0.CO;2.

Brattig, Norbert W., Dietrich W. Büttner, and Achim Hoerauf. 2001. "Neutrophil Accumulation around Onchocerca Worms and Chemotaxis of Neutrophils

Are Dependent on Wolbachia Endobacteria." *Microbes and Infection* 3 (6): 439–46. https://doi.org/10.1016/S1286-4579(01)01399-5.

Bray, Rodney A., David I. Gibson, and Arlene Jones, eds. 2008. *Keys to the Trematoda. Volume 3.* Wallingford: CABI.

Briones, Marcelo R. S., Ricardo P. Souto, Beatriz S. Stolf, and Bianca Zingales. 1999. "The Evolution of Two *Trypanosoma cruzi* Subgroups Inferred from rRNA Genes Can Be Correlated with the Interchange of American Mammalian Faunas in the Cenozoic and Has Implications to Pathogenicity and Host Specificity." *Molecular and Biochemical Parasitology* 104 (2): 219–32. https://doi.org/10.1016/S0166-6851(99)00155-3.

Brooks, Daniel R., and Walter A. Boeger. 2019. "Climate Change and Emerging Infectious Diseases: Evolutionary Complexity in Action." *Current Opinion in Systems Biology* 13 (February): 75–81. https://doi.org/10.1016/j.coisb.2018.11.001.

Brooks, Daniel R., and David R. Glen. 1982. "Pinworms and Primates: A Case Study in Coevolution." *Proceedings of the Helminthological Society of Washington* 49 (1): 76–85.

Brooks, Daniel R., and Eric P. Hoberg. 2000. "Triage for the Biosphere: The Need and Rationale for Taxonomic Inventories and Phylogenetic Studies of Parasites." *Comparative Parasitology* 67 (1): 1–25.

———. 2007. "How Will Global Climate Change Affect Parasite–Host Assemblages?" *Trends in Parasitology* 23 (12): 571–74. https://doi.org/10.1016/j.pt.2007.08.016.

Brooks, Daniel R., Eric P. Hoberg, and Walter A. Boeger. 2019. *The Stockholm Paradigm: Climate Change and Emerging Disease.* Chicago: University of Chicago Press.

Brooks, Daniel R., Eric P. Hoberg, Walter A. Boeger, Scott L. Gardner, Kurt E. Galbreath, Dávid Herczeg, Hugo H. Mejía-Madrid, S. Elizabeth Rácz, and Altangerel Tsogtsaikhan Dursahinhan. 2014. "Finding Them before They Find Us: Informatics, Parasites, and Environments in Accelerating Climate Change." *Comparative Parasitology* 81 (2): 155–64. https://doi.org/10.1654/4724b.1.

Brooks, Daniel R., and Deborah A. McLennan. 1993. *Parascript: Parasites and the Language of Evolution.* Smithsonian.

———. 2012. *The Nature of Diversity: An Evolutionary Voyage of Discovery.* University of Chicago Press.

Burge, W. E., and E. L. Burge. 1915. "The Protection of Parasites in the Digestive Tract against the Action of the Digestive Enzymes." *Journal of Parasitology* 1 (4): 179–83. https://doi.org/10.2307/3270806.

Bullard, Stephen A., and Robin M. Overstreet. 2008. "Digeneans as Enemies of Fishes." In *Fish Diseases Volume 2*, edited by Jorge C. Eiras, Helmut Segner, Thomas Wahli, and B.

G. Kapoor, 817–976. Enfield, NH: Science Publishers.

Burnham, Gilbert. 1998. "Onchocerciasis." *Lancet* 351 (9112): 1341–46. https://doi. org/10.1016/S0140-6736(97)12450-3.

Cabrera-Gil, Susana, Abhay Deshmukh, Carlos Cervera-Estevan, Natalia Fraija-Fernández, Mercedes Fernández, and Francisco Javier Aznar. 2018. "Anisakis Infections in Lantern Fish (Myctophidae) from the Arabian Sea: A Dual Role for Lantern Fish in the Life Cycle of *Anisakis brevispiculata*?" *Deep Sea Research Part I: Oceanographic Research Papers* 141 (November): 43–50. https://doi.org/10.1016/j.dsr.2018.08.004.

Caira, Janine N., and Kirsten Jensen, eds. 2017. *Planetary Biodiversity Inventory (2008–2017): Tapeworms from Vertebrate Bowels of the Earth*. Lawrence, KS: Natural History Museum, The University of Kansas.

Casiraghi, Maurizio, Odile Bain, Ricardo Guerrero, Coralie Martin, Vanessa Pocacqua, Scott L. Gardner, Alberto Franceschi, and Claudio Bandi. 2004. "Mapping the Presence of *Wolbachia pipientis* on the Phylogeny of Filarial Nematodes: Evidence for Symbiont Loss during Evolution." *International Journal for Parasitology* 34 (2): 191–203. https://doi.org/10.1016/j.ijpara.2003.10.004.

Calderon, Alfonso, Camilo Guzman, Jorge Salazar-Bravo, Luiz Figueiredo, Salim Mattar, and German Arrieta. 2016. "Viral Zoonoses That Fly with Bats: A Review." *MANTER: Journal of Parasite Biodiversity* 6 (September): 1–13.

Calisher, Charles H., James E. Childs, Hume E. Field, Kathryn V. Holmes, and Tony Schountz. 2006. "Bats: Important Reservoir Hosts of Emerging Viruses." *Clinical Microbiology Reviews* 19 (3): 531–45. https://doi.org/10.1128/CMR.00017-06.

Campbell, William C. 1981. "An Introduction to the Avermectins." *New Zealand Veterinary Journal* 29 (10): 174–78. https://doi.org/10.1080/00480169.1981.34836.

———. 2016. "Lessons from the History of Ivermectin and Other Antiparasitic Agents." *Annual Review of Animal Biosciences* 4 (1): 1–14. https://doi.org/10.1146/annurev-animal-021815-111209.

Campbell, William C., Richard W. Burg, Michael H. Fisher, and Richard A. Dybas. 1984. "The Discovery of Ivermectin and Other Avermectins." In *Pesticide Synthesis through Rational Approaches*, edited by Philip S. Magee, Gustave K. Kohn, and Julius J. Menn, 255: 5–20. ACS Symposium Series 255. Washington, D.C.: American Chemical Society. https://doi.org/10.1021/bk-1984-0255.ch001.

Carmichael, Lisa M., and Janice Moore. 1991. "A Comparison of Behavioral Alterations in the Brown Cockroach, *Periplaneta brunnea*, and the American Cockroach, *Periplaneta americana*, Infected with the Acanthocephalan, *Moniliformis moniliformis*." *Journal of Parasitology* 77 (6): 931–36. https://

doi.org/10.2307/3282745.

Case, Ronald M., and Charles W. Ramsey. 1994. "Gophers, Pocket." In *Prevention and Control of Wildlife Damage*, edited by Scott E. Hygnstrom, Robert M. Timm, and Gary Eugene Larson, B-17. University of Nebraska Cooperative Extension, Institute of Agriculture and Natural Resources, University of Nebraska-Lincoln.

Ceballos, Gerardo, and Paul R. Ehrlich. 2002. "Mammal Population Losses and the Extinction Crisis." *Science* 296 (5569): 904–7. https://doi.org/10.1126/science.1069349.

Ceballos, Gerardo, Paul R. Ehrlich, Anthony D. Barnosky, Andrés García, Robert M. Pringle, and Todd M. Palmer. 2015. "Accelerated Modern Human–Induced Species Losses: Entering the Sixth Mass Extinction." *Science Advances* 1 (5): e1400253. https://doi.org/10.1126/sciadv.1400253.

Charles, Roxanne A., Sonia Kjos, Angela E. Ellis, John C. Barnes, and Michael J. Yabsley. 2012. "Southern Plains Woodrats (*Neotoma micropus*) from Southern Texas Are Important Reservoirs of Two Genotypes of *Trypanosoma cruzi* and Host of a Putative Novel *Trypanosoma* Species." *Vector-Borne and Zoonotic Diseases* 13 (1): 22–30. https://doi.org/10.1089/vbz.2011.0817.

Childs, James E., Thomas G. Ksiazek, Christina F. Spiropoulou, John W. Krebs, Sergey Morzunov, Gary O. Maupin, Kenneth L. Gage, et al. 1994. "Serologic and Genetic Identification of *Peromyscus maniculatus* as the Primary Rodent Reservoir for a New Hantavirus in the Southwestern United States." *Journal of Infectious Diseases* 169 (6): 1271–80. https://doi.org/10.1093/infdis/169.6.1271.

Chimento, Nicolas, Federico Agnolin, and Agustin Martinelli. 2016. "Mesozoic Mammals from South America: Implications for Understanding Early Mammalian Faunas from Gondwana." In *Historia Evolutiva y Paleobiogeográfica de Los Vertebrados de América Del Sur*, edited by Frederico L. Agnolin, Gabriel L. Lio, Federico Brissón Egli, Nicolas R. Chimento, and Fernando E. Novas, 199–209. Contribuciones Del MACN 6. Buenos Aires, Brazil: Museo Argentino de Ciencias Naturales "Bernardino Rivadavia" e Instituto Nacional de Investigación de las Ciencias Naturales.

Chitsulo, Lester, Dirk Engels, Antonio Montresor, and Lorenzo Savioli. 2000. "The Global Status of Schistosomiasis and Its Control." *Acta Tropica* 77 (1): 41–51.

Choudhury, Anindo, M. Leopoldina Aguirre-Macedo, Stephen S. Curran, Margarita Ostrowski De Núñez, Robin M. Overstreet, Gerardo Pérez-Ponce de León, and Cláudia Portes Santos. 2016. "Trematode Diversity in Freshwater Fishes of the Globe II:'New World.'" *Systematic Parasitology* 93 (3): 271–82.

Clark, David B. 1979. "A Centipede Preying on a Nestling Rice Rat (*Oryzomys bauri*)." *Journal of Mammalogy* 60 (3): 654. https://doi.org/10.2307/1380119.

————. 1980. "Population Ecology of an Endemic Neotropical Island Rodent: *Oryzomys bauri* of Santa Fe Island, Galapagos, Ecuador." *Journal of Animal Ecology* 49 (1): 185–98. https://doi.org/10.2307/4283.

Clark, Deborah A., and David B. Clark. 1981. "Effects of Seed Dispersal by Animals on the Regeneration of *Bursera graveolens* (Burseraceae) on Santa Fe Island, Galápagos." *Oecologia* 49 (1): 73–75. https://doi.org/10.1007/BF00376900.

Clark, J. Desmond, and Hiro Kurashina. 1979. "Hominid Occupation of the East-Central Highlands of Ethiopia in the Plio–Pleistocene." *Nature* 282 (5734): 33–39. https://doi.org/10.1038/282033a0.

Clark, Nicola, and Simon Wallis. 2017. "Flamingos, Salt Lakes and Volcanoes: Hunting for Evidence of Past Climate Change on the High Altiplano of Bolivia." *Geology Today* 33 (3): 101–7. https://doi.org/10.1111/gto.12186.

Coca-Salazar, Alejandro, Huber Villca, Mauricio Torrico, and Fernando D. Alfaro. 2016. "Plant Communities on the Islands of Two Altiplanic Salt Lakes in the Andean Region of Bolivia." *Check List* 12 (5): 1975. https://doi.org/10.15560/12.5.1975.

Conn, Jan E., Richard C. Wilkerson, M. Nazaré O. Segura, Raimundo T. L. de Souza, Carl D. Schlichting, Robert A. Wirtz, and Marinete M. Póvoa. 2002. "Emergence of a New Neotropical Malaria Vector Facilitated by Human Migration and Changes in Land Use." *American Journal of Tropical Medicine and Hygiene* 66 (1): 18–22. https://doi.org/10.4269/ajtmh.2002.66.18.

Cook, Joseph A., Kurt E. Galbreath, Kayce C. Bell, Mariel L. Campbell, Suzanne Carrière, Jocelyn P. Colella, Natalie G. Dawson, et al. 2016. "The Beringian Coevolution Project: Holistic Collections of Mammals and Associated Parasites Reveal Novel Perspectives on Evolutionary and Environmental Change in the North." *Arctic Science* 3: 585–617. https://doi.org/10.1139/as-2016-0042.

Cook, Joseph A., Eric P. Hoberg, Anson Koehler, Heikki Henttonen, Lotta Wickström, Voitto Haukisalmi, Kurt Galbreath, et al. 2005. "Beringia: Intercontinental Exchange and Diversification of High Latitude Mammals and Their Parasites during the Pliocene and Quaternary." *Mammal Study* 30 (Supplement): S33–44. https://doi.org/10.3106/1348-6160(2005)30[33:BIEADO]2.0.CO;2.

COSEWIC. 2005. "COSEWIC Assessment and Update Status Report on the Fin Whale *Balaenoptera physalus* in Canada." Committee on the Status of Endangered Wildlife in Canada, Ottawa, ON. www.sararegistry.gc.ca/status/status_e.cfm.

Cotton, James A., Sasisekhar Bennuru, Alexandra Grote, Bhavana Harsha, Alan Tracey, Robin Beech, Stephen R. Doyle, et al. 2016. "The Genome of *Onchocerca volvulus*, Agent of River Blindness." *Nature Microbiology* 2 (2):

1–12. https://doi.org/10.1038/nmicrobiol.2016.216.

Cox, Frank E. G. 2002. "History of Human Parasitology." *Clinical Microbiology Reviews* 15 (4): 595–612. https://doi.org/10.1128/CMR.15.4.595-612.2002.

Craig, Philip. 2003. "*Echinococcus multilocularis.*" *Current Opinion in Infectious Diseases* 16 (5): 437–44.

Crompton, David William Thomasson, and Brent B. Nickol. 1985. *Biology of the Acanthocephala.* Cambridge University Press.

Dailey, Murray D., Frances M. D. Gulland, Linda J. Lowenstine, Paul Silvagni, and Daniel Howard. 2000. "Prey, Parasites and Pathology Associated with the Mortality of a Juvenile Gray Whale (*Eschrichtius robustus*) Stranded along the Northern California Coast." *Diseases of Aquatic Organisms* 42 (2): 111–17. https://doi.org/10.3354/dao042111.

Dailey, Murray, and Wolfgang Vogelbein. 1991. "Parasite Fauna of 3 Species of Antarctic Whales with Reference to Their Use as Potential Stock Indicators." *Fishery Bulletin* 89 (3): 355–65. Dawkins, Richard. 1982. *The Extended Phenotype: The Gene as the Unit of Selection.* Oxford: Oxford University Press.

De Baets, Kenneth, Paula Dentzien-Dias, Ieva Upeniece, Olivier Verneau, and Philip C. J. Donoghue. 2015. "Constraining the Deep Origin of Parasitic Flatworms and Host-Interactions with Fossil Evidence." In *Advances in Parasitology* 90: 93–135. Academic Press. https://doi.org/10.1016/bs.apar.2015.06.002.

Després, Laurence, Danièle Imbert-Establet, and Monique Monnerot. 1993. "Molecular Characterization of Mitochondrial DNA Provides Evidence for the Recent Introduction of *Schistosoma mansoni* into America." *Molecular and Biochemical Parasitology* 60 (2): 221–29. https:// doi.org/10.1016/0166-6851(93)90133-I.

Detwiler, Jillian, and John Janovy Jr. 2008. "The Role of Phylogeny and Ecology in Experimental Host Specificity: Insights from a Eugregarine–Host System." *Journal of Parasitology* 94 (1): 7–12. https://doi.org/10.1645/GE-1308.1.

Di Bella, Stefano, Niccolò Riccardi, Daniele Roberto Giacobbe, and Roberto Luzzati. 2018. "History of Schistosomiasis (Bilharziasis) in Humans: From Egyptian Medical Papyri to Molecular Biology on Mummies." *Pathogens and Global Health* 112 (5): 268–73. https://doi.org/10.1080/20477724.2018.1495357.

Dobson, Andy P. 1988. "Restoring Island Ecosystems: The Potential of Parasites to Control Introduced Mammals." *Conservation Biology* 2 (1): 31–39. https://doi.org/10.1111/j.1523-1739.1988.tb00333.x.

Dounias, Edmond, and Takanori Oishi. 2016. "Inland Traditional Capture Fisheries in the Congo Basin: Introduction." *Revue d'Ethnoécologie* 10: 1–7. https:// doi.org/10.4000/ethnoecologie.2882. Dowler, Robert C., Darin S. Carroll, and Cody W. Edwards. 2000. "Rediscovery of Rodents (Genus *Nesoryzomys*) Considered Extinct in the Galápagos Islands." *Oryx* 34 (2): 109–17. https://doi.org/10.1046/j.1365-3008.2000.00104.x.

Ducatez, Simon, Louis Lefebvre, Ferran Sayol, Jean-Nicolas Audet, and Daniel Sol. 2020. "Host Cognition and Parasitism in Birds: A Review of the Main Mechanisms." *Frontiers in Ecology and Evolution* 8 (102). https://doi.org/10.3389/fevo.2020.00102.

Duclos, Laura M., Bradford J. Danner, and Brent B. Nickol. 2006. "Virulence of *Corynosoma constrictum* (Acanthocephala: Polymorphidae) in *Hyalella azteca* (Amphipoda) throughout Parasite Ontogeny." *Journal of Parasitology* 92 (4): 749–55. https://doi.org/10.1645/GE-770R.1.

Dunn, Frederick L. 1963. "Acanthocephalans and Cestodes of South American Monkeys and Marmosets." *Journal of Parasitology* 49 (5): 717–22. https://doi.org/10.2307/3275912.

Dunne, Jennifer A., Kevin D. Lafferty, Andrew P. Dobson, Ryan F. Hechinger, Armand M. Kuris, Neo D. Martinez, John P. McLaughlin, Kim N. Mouritsen, Robert Poulin, and Karsten Reise. 2013. "Parasites Affect Food Web Structure Primarily through Increased Diversity and Complexity." *PLOS Biology* 11 (6): e1001579. https://doi.org/10.1371/journal.pbio.1001579.

Dunnum, Jonathan L., Richard Yanagihara, Karl M. Johnson, Blas Armien, Nyamsuren Batsaikhan, Laura Morgan, and Joseph A. Cook. 2017. "Biospecimen Repositories and Integrated Databases as Critical Infrastructure for Pathogen Discovery and Pathobiology Research." *PLOS Neglected Tropical Diseases* 11 (1): e0005133. https://doi.org/10.1371/journal.pntd.0005133.

Ďuriš, Zdeněk, Ivona Horká, Petr Jan Juračka, Adam Petrusek, and Floyd Sandford. 2011. "These Squatters Are Not Innocent: The Evidence of Parasitism in Sponge-Inhabiting Shrimps." *PLOS ONE* 6 (7): e21987. https://doi.org/10.1371/journal.pone.0021987.

Dursahinhan, Altangerel Tsogtsaikhan, Batsaikhan Nyamsuren, Danielle Marie Tufts, and Scott Lyell Gardner. 2017. "A New Species of *Catenotaenia* (Cestoda: Catenotaeniidae) from *Pygeretmus pumilio* Kerr, 1792 from the Gobi of Mongolia." *Comparative Parasitology* 84 (2): 124–34. https://doi.org/10.1654/1525-2647-84.2.124.

Duszynski, Donald W., Matthew G. Bolek, and Steve J. Upton. 2007. *Coccidia (Apicomplexa: Eimeriidae) of the Amphibians of the World.* Magnolia Press.

Duszynski, Donald W., Jana Kvičerová, and R. Scott Seville. 2018. *The Biology and Identification of the Coccidia (Apicomplexa) of Carnivores of the World.* Academic Press.

Egoscue, Harold J. 1960. "Laboratory and Field Studies of the Northern Grasshopper Mouse." *Journal of Mammalogy* 41 (1): 99–110. https://doi.

org/10.2307/1376521.

Ehrlich, Paul R., and Peter H. Raven. 1964. "Butterflies and Plants: A Study in Coevolution." *Evolution* 18 (4): 586–608. https://doi.org/10.2307/2406212.

Elman, Cheryl, Robert A McGuire, and Barbara Wittman. 2014. "Extending Public Health: The Rockefeller Sanitary Commission and Hookworm in the American South." *American Journal of Public Health* 104 (1): 47 58.

Esch, Gerald W. 2004. *Parasites, People, and Places: Essays on Field Parasitology.* Cambridge University Press.

———. 2007. *Parasites and Infectious Disease: Discovery by Serendipity and Otherwise.* Cambridge University Press.

Faith, J. Tyler, John Rowan, and Andrew Du. 2019. "Early Hominins Evolved within Non-Analog Ecosystems." *Proceedings of the National Academy of Sciences* 116 (43): 21478–83.

Fay, Francis H. 1973. "The Ecology of *Echinococcus multilocularis* Leuckart, 1863, (Cestoda: Taeniidae) on St. Lawrence Island, Alaska—I. Background and Rationale." *Annales de Parasitologie Humaine et Comparée* 48 (4): 523–42. https://doi.org/10.1051/parasite/1973484523.

Ferreira, Luiz Fernando, Adauto Araújo, Ulisses Confalonieri, Marcia Chame, and Delir Corrêa Gomes. 1991. "*Trichuris* Eggs in Animal Coprolites Dated from 30,000 Years Ago." *Journal of Parasitology* 77 (3): 491–93.

Ferreira, Luiz Fernando, Karl J. Reinhard, and Adauto Araújo, eds. 2014. *Foundations of Paleoparasitology.* Rio de Janeiro: Editora FIOCRUZ.

Flynn, John J., André R. Wyss, and Reynaldo Charrier. 2007. "South America's Missing Mammals." *Scientific American* 296 (5): 68–75.

Freeman, Patricia W. 1998. "Mammals." In *An Atlas of the Sand Hills*, 3rd ed., edited by Ann Salomon Bleed and Charles Flowerday, 193–200. Resource Atlas, no. 5b. Lincoln, Nebraska: Conservation and Survey Division, Institute of Agriculture and Natural Resources, University of Nebraska-Lincoln.

Frias, Liesbeth, Hideo Hasegawa, Danica J. Stark, Milena Salgado Lynn, Senthilvel K.S.S. Nathan, Tock H. Chua, Benoit Goossens, Munehiro Okamoto, and Andrew J. J. MacIntosh. 2019. "A Pinworm's Tale: The Evolutionary History of *Lemuricola (Protenterobius) nyticebi.*" *International Journal for Parasitology: Parasites and Wildlife* 8 (April): 25–32. https://doi.org/10.1016/j.ijppaw.2018.11.009.

Friend, Milton, J. Christian Franson, and Elizabeth A. Ciganovich, eds. 1999. *Field Manual of Wildlife Diseases: General Field Procedures and Diseases of Birds.* Washington, D.C.: US Geological Survey.

Frey, Jennifer K., Terry L. Yates, Donald W. Duszynski, William L. Gannon, and Scott L. Gardner. 1992. "Designation and Curatorial Management of Type Host Specimens (Symbiotypes) for New Parasite Species." *Journal of Parasitology* 78 (5): 930–32.

Gabet, Emmanuel J. 2000. "Gopher Bioturbation: Field Evidence for Non-Linear Hillslope Diffusion." *Earth Surface Processes and Landforms* 25 (13): 1419–28. https://doi.org/10.1002/1096-9837(200012)25:13<1419::AID-ES-P148>3.0.CO;2-1.

Galaktionov, Kirill V., and Andrej A. Dobrovolskij. 2003. "Organization of Parthenogenetic and Hermaphroditic Generations of Trematodes." In *The Biology and Evolution of Trematodes*, by Kirill V. Galaktionov and Andrej A. Dobrovolskij, 1–213. Dordrecht, The Netherlands: Kluwer Academic.

Galbreath, Kurt E., Eric P. Hoberg, Joseph A. Cook, Blas Armién, Kayce C. Bell, Mariel L. Campbell, Jonathan L. Dunnum, Altangerel T. Dursahinhan, Ralph P. Eckerlin, and Scott L. Gardner. 2019. "Building an Integrated Infrastructure for Exploring Biodiversity: Field Collections and Archives of Mammals and Parasites." *Journal of Mammalogy* 100 (2): 382–93.

Gamboa, María I., Graciela T. Navone, Alicia B. Orden, María F. Torres, Luis E. Castro, and Evelia E. Oyhenart. 2011. "Socio-Environmental Conditions, Intestinal Parasitic Infections and Nutritional Status in Children from a Suburban Neighborhood of La Plata, Argentina." *Acta Tropica* 118 (3): 184–89. https://doi.org/10.1016/j.actatropica.2009.06.015.

Ganzorig, Sumiya, Nyamsuren Batsaikhan, Yuzaburo Oku, and Masao Kamiya. 2002. "A New Nematode, *Soboliphyme ataahai* sp. n. (Nematoda: Soboliphymidae) from Laxmann's Shrew, *Sorex caecutiens* Laxmann, 1788 in Mongolia." *Parasitology Research* 89 (1): 44–48. https://doi.org/10.1007/s00436-002-0725-1.

Ganzorig, Sumiya, Nyamsuren Batsaikhan, Ravchig Samiya, Yasuyuki Morishima, Yuzaburo Oku, and Masao Kamiya. 1999. "A Second Record of Adult *Ascarops strongylina* (Rudolphi, 1819) (Nematoda: Spirocercidae) in a Rodent Host." *Journal of Parasitology* 85 (2): 283–85. https:// doi. org/10.2307/3285633.

Ganzorig, Sumiya, Damdin Sumiya, Nyamsuren Batsaikhan, Rolf Schuster, Yuzaburo Oku, and Masao Kamiya. 1998. "New Findings of Metacestodes and a Pentastomid from Rodents in Mongolia." *Journal of the Helminthological Society of Washington* 65 (1): 74–81.

Gardner, Scott L. 1991. "Phyletic Coevolution between Subterranean Rodents of the Genus *Ctenomys* (Rodentia: Hystricognathi) and Nematodes of the Genus *Paraspidodera* (Heterakoidea: Aspidoderidae) in the Neotropics: Temporal and Evolutionary Implications." *Zoological Journal of the Linnean Society* 102 (2): 169–201. https://doi.org/10.1111/j.1096-3642.1991.tb00288.x.

———. 2001. "Worms, Nematoda." In *Encyclopedia of Biodiversity, Volume 5*, edited by Simon A. Levin, 843–62. San Diego: Academic Press.

Gardner, Scott L., and Mariel L. Campbell. 1992a. "A New Species of *Linstowia* (Cestoda: Anoplocephalidae) from Marsupials in Bolivia." *Journal of*

Parasitology 78 (5): 795–99. https://doi.org/10.2307/3283306.

———. 1992b. "Parasites as Probes for Biodiversity." *Journal of Parasitology* 78 (4): 596–600. https://doi.org/10.2307/3283534.

Gardner, Scott L., Altangerel T. Dursahinhan, Mariel L. Campbell, and S. Elizabeth Rácz. 2020. "A New Genus and Two New Species of Unarmed Hymenolepıdıd Cestodes (Cestoda: Hymenolepididae) from Geomyid Rodents in Mexico and Costa Rica." *Zootaxa* 4766 (2): 358–76. https://doi.org/10.11646/zootaxa.4766.2.5.

Gardner, Scott L., and Donald W. Duszynski. 1990. "Polymorphism of Eimerian Oocysts Can Be a Problem in Naturally Infected Hosts: An Example from Subterranean Rodents in Bolivia." *Journal of Parasitology* 76 (6): 805–11.

Gardner, Scott L., and Jean-Pierre Hugot. 1995. "A New Pinworm, *Didelphoxyuris thylamisis* n. gen., n. sp. (Nematoda: Oxyurida) from *Thylamys elegans* (Waterhouse, 1839) (Marsupialia: Didelphidae) in Bolivia." *Research and Reviews in Parasitology* 55 (4): 139–47.

Gardner, Scott L., Brent A. Luedders, and Donald W. Duszynski. 2014. "*Hymenolepis robertrauschi* n. sp. from Grasshopper Mice *Onychomys* spp. in New Mexico and Nebraska, U.S.A." *Occasional Papers, Museum of Texas Tech University*, no. 322 (March): 1–10.

Gardner, Scott L., Robert L. Rausch, and Otto Carlos Jordan Camacho. 1988. "*Echinococcus vogeli* Rausch and Bernstein, 1972, from the Paca, *Cuniculus paca* L. (Rodentia: Dasyproctidae), in the Departamento de Santa Cruz, Bolivia." *Journal of Parasitology* 74 (3): 399–402. https://doi.org/10.2307/3282045.

Gardner, Scott L., Altangerel Dursahinhan, Gábor Rácz, Nyamsuren Batsaikhan, Sumiya Ganzorig, David Tinnin, Darmaa Damdinbazar, et al. 2013. "Sylvatic Species of *Echinococcus* from Rodent Intermediate Hosts in Asia and South America." *Occasional Papers, Museum of Texas Tech University* 318 (October): 1–13.

Gardner, Scott L., Jorge Salazar-Bravo, and Joseph A. Cook. 2014. "New Species of *Ctenomys* Blainville 1826 (Rodentia: Ctenomyidae) from the Lowlands and Central Valleys of Bolivia." *Special Publications–Museum of Texas Tech University* 62: 1–34.

Gardner, Scott L., Nathan A. Seggerman, Nyamsuren Batsaikhan, Sumiya Ganzorig, David S. Tinnin, and Donald W. Duszynski. 2009. "Coccidia (Apicomplexa: Eimeriidae) from the Lagomorph *Lepus tolai* in Mongolia." *Journal of Parasitology* 95 (6): 1451–54. https://doi.org/10.1645/GE-2137.1.

Gardner, Scott L., and Peter T. Thew. 2006. "Redescription of *Cryptocotyle thapari* McIntosh, 1953 (Trematoda: Heterophyidae), in the River Otter *Lutra longicaudis* from Bolivia." *Comparative Parasitology* 73 (1): 20–23. https://doi.org/10.1654/0001.1.

Gardner, Scott L., Steve Upton, C. R. Lambert, and O. C. Jordan. 1991. "Redescription of *Eimeria escomeli* (Rastegaieff, 1930) from *Myrmecophaga tridactyla*, and a First Report from Bolivia." *Journal of the Helminthological Society of Washington* 58 (1): 16–18.

Garey, James R., Andreas Schmidt-Rhaesa, Thomas J. Near, and Steven A. Nadler. 1998. "The Evolutionary Relationships of Rotifers and Acanthocephalans." In *Rotifera VIII: A Comparative Approach*, edited by Elizabeth S. Wurdak, Robert L. Wallace, and Hendrik Segers, 83–91. Springer.

Gemmell, Michael Alexander. 1959. "The Fox as a Definitive Host of *Echinococcus* and Its Role in the Spread of Hydatid Disease." *Bulletin of the World Health Organization* 20 (1): 87–99.

Genoways, Hugh H., Meredith J. Hamilton, Darin M. Bell, Ryan R. Chambers, and Robert D. Bradley. 2008. "Hybrid Zones, Genetic Isolation, and Systematics of Pocket Gophers (Genus *Geomys*) in Nebraska." *Journal of Mammalogy* 89 (4): 826–36. https://doi.org/10.1644/07-MAMM-A-408.1.

Georgiev, Boyko B., Rodney A. Bray, D. Timothy, and J. Littlewood. 2006. "Cestodes of Small Mammals: Taxonomy and Life Cycles." In *Micromammals and Macroparasites: From Evolutionary Ecology to Management*, edited by Serge Morand, Boris R. Krasnov, and Robert Poulin, 29–62. Tokyo: Springer Japan. https://doi.org/10.1007/978-4-431-36025-4_3.

Gibson, David I., Arlene Jones, and Rodney A. Bray, eds. 2002. *Keys to the Trematoda. Volume 1*. CABI.

Goater, Timothy M., Cameron P. Goater, and Gerald W. Esch. 2014. *Parasitism: The Diversity and Ecology of Animal Parasites*. 2nd ed. Cambridge University Press.

Goble, R. J., Joseph A. Mason, David B. Loope, and James B. Swinehart. 2004. "Optical and Radiocarbon Ages of Stacked Paleosols and Dune Sands in the Nebraska Sand Hills, USA." *Quaternary Science Reviews* 23 (9): 1173–82. https://doi.org/10.1016/j.quascirev.2003.09.009.

Gonçalves, Marcelo Luiz Carvalho, Adauto Araújo, and Luiz Fernando Ferreira. 2003. "Human Intestinal Parasites in the Past: New Findings and a Review." *Memórias Do Instituto Oswaldo Cruz* 98 (Suppl. 1): 103–18. https://doi.org/10.1590/S0074-02762003000900016.

Gonzalez-Astudillo, Viviana, Héctor Ramírez-Chaves, Joerg Henning, and Thomas Gillespie. 2016. "Current Knowledge of Studies of Pathogens in Colombian Mammals." *MANTER: Journal of Parasite Biodiversity* 4 (September): 1–13.

Gosselin, David C., Steve Sibray, and Jerry Ayers. 1994. "Geochemistry of K-Rich Alkaline Lakes, Western Sandhills, Nebraska, USA." *Geochimica et Cosmochimica Acta* 58 (5): 1403–18.

Gotelli, Nicholas J., and Janice Moore. 1992. "Altered Host Behaviour in a CockroachAcanthocephalan Association." *Animal Behaviour* 43 (6): 949–59.

https://doi.org/10.1016/S0003-3472(06)80008-4.

Gubanov, N. M. 1951. "A Giant Nematode from the Placenta of Cetaceans *Placentonema gigantissima* nov. gen., nov. sp." *Doklady Akademii Nauk SSSR* 77 (6): 1123–25.

Guerrero, Ricardo, Coralie Martin, Scott L. Gardner, and Odile Bain. 2002. "New and Known Species of *Litomosoides* (Nematoda: Filarioidea): Important Adult and Larval Characters and Taxonomic Changes." *Comparative Parasitology* 69 (2): 177–95. https://doi.org/10.1654/1525-2647(2002)069[0177:NAK-SOL]2.0.CO;2.

Guhl, Felipe, Arthur Auderheide, and Juan David Ramírez. 2014. "From Ancient to Contemporary Molecular Eco-Epidemiology of Chagas Disease in the Americas." *International Journal for Parasitology*, ICOPA XIII, 44 (9): 605–12. https://doi.org/10.1016/j.ijpara.2014.02.005.

Gustafsson, Margaretha K. S., Krister Eriksson, and Annika Hydén. 1995. "Never Ending Growth and a Growth Factor. II. Immunocytochemical Evidence for the Presence of Epidermal Growth Factor in a Tapeworm." *Hydrobiologia* 305 (1): 229–33. https://doi.org/10.1007/BF00036394.

Gustavsen, Ken, Adrian Hopkins, and Mauricio Sauerbrey. 2011. "Onchocerciasis in the Americas: From Arrival to (near) Elimination." *Parasites & Vectors* 4 (1): 205. https://doi.org/10.1186/1756-3305-4-205.

Halton, David W., and Margaretha K. S. Gustafsson. 1996. "Functional Morphology of the Platyhelminth Nervous System." *Parasitology* 113 (S1): S47–72. https://doi.org/10.1017/S0031182000077891.

Hamilton, Patrick B., Marta M. G. Teixeira, and Jamie R. Stevens. 2012. "The Evolution of *Trypanosoma cruzi*: The 'Bat Seeding' Hypothesis." *Trends in Parasitology* 28 (4): 136–41. https://doi.org/10.1016/j.pt.2012.01.006.

Hansson, Lennart, and Heikki Henttonen. 1988. "Rodent Dynamics as Community Processes." *Trends in Ecology & Evolution* 3 (8): 195–200. https://doi.org/10.1016/0169-5347(88)90006-7.

Harris, Donna B., Stephen D. Gregory, and David W. Macdonald. 2006. "Space Invaders? A Search for Patterns Underlying the Coexistence of Alien Black Rats and Galápagos Rice Rats." *Oecologia* 149 (2): 276. https://doi.org/10.1007/s00442-006-0447-7.

Hasegawa, Hideo. 1999. "Phylogeny, Host-Parasite Relationship and Zoogeography." *Korean Journal of Parasitology* 37 (4): 197–213. https://doi.org/10.3347/kjp.1999.37.4.197.

Hechinger, Ryan F., Kate L. Sheehan, and Andrew V. Turner. 2019. "Metabolic Theory of Ecology Successfully Predicts Distinct Scaling of Ectoparasite Load on Hosts." *Proceedings of the Royal Society B: Biological Sciences* 286 (1917): 20191777. https://doi.org/10.1098/rspb.2019.1777.

Hermosilla, Carlos, Liliana M. R. Silva, Rui Prieto, Sonja Kleinertz, Anja Taubert, and Monica A. Silva. 2015. "Endoand Ectoparasites of Large Whales (Cetartiodactyla: Balaenopteridae, Physeteridae): Overcoming Difficulties in Obtaining Appropriate Samples by Nonand Minimally-Invasive Methods." *International Journal for Parasitology: Parasites and Wildlife* 4 (3): 414–20. https://doi.org/10.1016/j.ijppaw.2015.11.002.

Hindsbo, Ole. 1972. "Effects of *Polymorphus* (Acanthocephala) on Colour and Behaviour of *Gammarus lacustris*." *Nature* 238 (5363): 333.

Hoberg, Eric P. 1986. "Evolution and Historical Biogeography of a Parasite–Host Assemblage: *Alcataenia* spp. (Cyclophyllidea: Dilepididae) in Alcidae (Charadriiformes)." *Canadian Journal of Zoology* 64 (11): 2576–89.

———. 1992. "Congruent and Synchronic Patterns in Biogeography and Speciation among Seabirds, Pinnipeds, and Cestodes." *Journal of Parasitology* 78 (4): 601–15.

———. 1997. "Phylogeny and Historical Reconstruction: Host–Parasite Systems as Keystones in Biogeography and Ecology." In *Biodiversity II: Understanding and Protecting Our Biological Resources*, edited by Marjorie L. Reaka-Kudla, Don E. Wilson, and Edward O. Wilson, 243–61. Washington, D.C.: Joseph Henry Press.

———. 1999. "Phylogenetic Analysis among the Families of the Cyclophyllidea (Eucestoda) Based on Comparative Morphology, with New Hypotheses for Co-Evolution in Vertebrates." *Systematic Parasitology* 42 (1): 51–73. https://doi.org/10.1023/A:1006100629059.

———. 2002a. "Foundations for an Integrative Parasitology: Collections, Archives, and Biodiversity Informatics." *Comparative Parasitology* 69 (2): 124–31. https://doi.org/10.1654/1525-2647(2002)069[0124:FFAIPC]2.0.CO;2.

———. 2002b. "*Taenia* Tapeworms: Their Biology, Evolution and Socioeconomic Significance." *Microbes and Infection* 4 (8): 859–66. https://doi.org/10.1016/S1286-4579(02)01606-4.

———. 2006. "Phylogeny of *Taenia*: Species Definitions and Origins of Human Parasites." *Parasitology International* 55 (January): S23–30. https://doi.org/10.1016/j.parint.2005.11.049.

———. 2014. "Robert Lloyd Rausch—A Life in Nature and Field Biology: 1921–2012." *Journal of Parasitology* 100 (4): 547–52.

Hoberg, Eric P., and A. Adams. 2000. "Phylogeny, History and Biodiversity: Understanding Faunal Structure and Biogeography in the Marine Realm." *Bulletin of the Scandinavian Society for Parasitology* 10 (2): 19–37.

Hoberg, Eric P., Salvatore J. Agosta, Walter A. Boeger, and Daniel R. Brooks. 2015. "An Integrated Parasitology: Revealing the Elephant through Tradition and Invention." *Trends in Parasitology* 31 (4): 128–33. https://doi.org/10.1016/j.pt.2014.11.005.

Hoberg, Eric P., Nancy L. Alkire, Alen de Queiroz, and Arlene Jones. 2001. "Out of Africa: Origins of the *Taenia* Tapeworms in Humans." *Proceedings of the Royal Society of London. Series B: Biological Sciences* 268 (1469): 781–87. https://doi.org/10.1098/rspb.2000.1579.

Hoberg, Eric P., and Daniel R. Brooks. 2008. "A Macroevolutionary Mosaic: Episodic HostSwitching, Geographical Colonization and Diversification in Complex Host–Parasite Systems." *Journal of Biogeography* 35 (9): 1533–50. https://doi.org/10.1111/j.1365-2699.2008.01951.x.

———. 2010. "Beyond Vicariance: Integrating Taxon Pulses, Ecological Fitting, and Oscillation in Evolution and Historical Biogeography." In *The Biogeography of Host-Parasite Interactions*, edited by Serge Morand and Boris R. Krasnov, 7–20. Oxford: Oxford University Press.

———. 2015. "Evolution in Action: Climate Change, Biodiversity Dynamics and Emerging Infectious Disease." *Philosophical Transactions of the Royal Society B: Biological Sciences* 370 (1665): 20130553. https://doi.org/10.1098/rstb.2013.0553.

Hoberg, Eric P., Daniel R Brooks, and Douglas Siegel-Causey. 1997. "Host-Parasite Co-Speciation: History, Principles, and Prospects." In *Host–Parasite Evolution: General Principles and Avian Models*, edited by Dale H. Clayton and Janice Moore, 212–35. Oxford University Press.

Hoberg, Eric P., Joseph A. Cook, Salvatore J. Agosta, Walter A. Boeger, Kurt E. Galbreath, Sauli Laaksonen, Susan J. Kutz, and Daniel R. Brooks. 2017. "Arctic Systems in the Quaternary: Ecological Collision, Faunal Mosaics and the Consequences of a Wobbling Climate." *Journal of Helminthology* 91 (4): 409–21. https://doi.org/10.1017/S0022149X17000347.

Hoberg, Eric P., Arlene Jones, Robert L. Rausch, Keeseon S. Eom, and Scott L. Gardner. 2000. "A Phylogenetic Hypothesis for Species of the Genus *Taenia* (Eucestoda: Taeniidae)." *Journal of Parasitology* 86 (1): 89–98.

Hoberg, Eric P., Susan J. Kutz, Kurt E. Galbreath, and Joseph A. Cook. 2003. "Arctic Biodiversity: From Discovery to Faunal Baselines—Revealing the History of a Dynamic Ecosystem." *Journal of Parasitology* 89 (Suppl): S84–95.

Hoberg, Eric P., Jean Mariaux, Jean-Lou Justine, Daniel R. Brooks, and Peter J. Weekes. 1997. "Phylogeny of the Orders of the Eucestoda (Cercomeromorphae) Based on Comparative Morphology: Historical Perspectives and a New Working Hypothesis." *Journal of Parasitology* 83 (6): 1128–47.

Hoberg, Eric P., Kirsten J. Monsen, Susan J. Kutz, and Michael S. Blouin. 1999. "Structure, Biodiversity, and Historical Biogeography of Nematode Faunas in Holarctic Ruminants: Morphological and Molecular Diagnoses for *Teladorsagia boreoarcticus* n. sp. (Nematoda: Ostertagiinae), a Dimorphic Cryptic Species in Muskoxen (*Ovibos moschatus*)." *Journal of Parasitology* 85 (5): 910–34.

Hoberg, Eric P., Patricia A. Pilitt, and Kurt E. Galbreath. 2009. "Why Museums Matter: A Tale of Pinworms (Oxyuroidea: Heteroxynematidae) among Pikas (*Ochotona princeps* and *O. collaris*) in the American West." *Journal of Parasitology* 95 (2): 490–501. https://doi.org/10.1645/GE-1823.1.

Hoberg, Eric P., Lydden Polley, Emily J. Jenkins, Susan J. Kutz, Alasdair M. Veitch, and Brett T. Elkin. 2008. "Integrated Approaches and Empirical Models for Investigation of Parasitic Diseases in Northern Wildlife." *Emerging Infectious Diseases* 14 (1): 10–17. https://doi.org/10.3201/eid1401.071119.

Hoeppli, R., and I. H. Ch'iang. 1940. "Selections from Old Chinese Medical Literature on Various Subjects of Helminthological Interest." *Chinese Medical Journal* 57: 373–87.

Hoerauf, Achim, and Ramakrishna U. Rao, eds. 2007. *Wolbachia: A Bug's Life in Another Bug.* Issues in Infectious Diseases. Volume 5. Basel, Switzerland: Karger Medical and Scientific Publishers.

Holmes, John C., and William M. Bethel. 1972. "Modification of Intermediate Host Behavior by Parasites." *Zoological Journal of the Linnean Society* 51 (S1): 123–49.

Hooper, John N. A. 2005. "Porifera (Sponges)." In *Marine Parasitology,* edited by Klaus Rohde, 174–77, 478–79. Melbourne, Australia: CSIRO Publishing.

Hornaday, William T. 1905. *Taxidermy and Zoological Collecting: A Complete Handbook for the Amateur Taxidermist, Collector, Osteologist, Museum-Builder, Sportsman, and Traveller.* Eighth Edition. New York: Charles Scribner's Sons.

Horne, Jon S., Edward O. Garton, and Janet L. Rachlow. 2008. "A Synoptic Model of Animal Space Use: Simultaneous Estimation of Home Range, Habitat Selection, and Inter/IntraSpecific Relationships." *Ecological Modelling* 214 (2): 338–48. https://doi.org/10.1016/j.ecolmodel.2008.02.042.

Hugot, Jean-Pierre, and Scott L. Gardner. 2000. "*Helminthoxys abrocomae* n. sp. (Nematoda: Oxyurida) from *Abrocoma cinerea* in Bolivia." *Systematic Parasitology* 47 (3): 223–30. https://doi.org/10.1023/A:1006460804935.

Hugot, Jean-Pierre, Scott L. Gardner, Victor Borba, Priscilla Araujo, Daniela Leles, Átila Augusto Stock Da-Rosa, Juliana Dutra, Luiz Fernando Ferreira, and Adauto Araújo. 2014. "Discovery of a 240 Million Year Old Nematode Parasite Egg in a Cynodont Coprolite Sheds Light on the Early Origin of Pinworms in Vertebrates." *Parasites & Vectors* 7 (486). https://doi.org/10.1186/s13071-014-0486-6.

Hugot, Jean-Pierre, Karl J. Reinhard, Scott L. Gardner, and Serge Morand. 1999. "Human Enterobiasis in Evolution: Origin, Specificity and Transmission." *Parasite* 6 (3): 201–8. https:// doi.org/10.1051/parasite/1999063201.

Hunter, Philip. 2018. "The Revival of the Extended Phenotype." *EMBO Reports* 19 (7): e46477. https://doi.org/10.15252/embr.201846477.

Hurtado, A. Magdalena, M. Anderson Frey, Inés Hurtado, K. R. Hill, and Jack Baker. 2008. "The Role of Helminthes in Human Evolution." In *Medicine and Evolution; Current Applications, Future Prospects*, edited by Sarah Elton and Paul O'Higgins, 153–80. United States: CRC Press.

Hutterer, Rainer. 2001. "Diversity of Mammals in Bolivia." In *Biodiversity: A Challenge for Development Research and Policy*, edited by Wilhelm Barthlott, Matthias Winiger, and Nadja Biedinger, 279–88. Berlin: Springer. https://doi.org/10.1007/978-3-662-06071-1_18.

Hygnstrom, Scott E., Robert M. Timm, and Gary Eugene Larson. 1994. *Prevention and Control of Wildlife Damage*. University of Nebraska Cooperative Extension, Institute of Agriculture and Natural Resources, University of Nebraska–Lincoln.

Iarotski, Lev S., and Andrew Davis. 1981. "The Schistosomiasis Problem in the World: Results of a WHO Questionnaire Survey." *Bulletin of the World Health Organization* 59 (1): 115–27.

Ito, Akira, Gantigmaa Chuluunbaatar, Tetsuya Yanagida, Anu Davaasuren, Battulga Sumiya, Mitsuhiko Asakawa, Toshiaki Ki, et al. 2013. "*Echinococcus* Species from Red Foxes, Corsac Foxes, and Wolves in Mongolia." *Parasitology* 140 (13): 1648–54. https://doi.org/10.1017/S0031182013001030.

Ito, Akira, and Christine M. Budke. 2015. "The Present Situation of Echinococcoses in Mongolia." *Journal of Helminthology* 89 (6): 680–88. https://doi.org/10.1017/S0022149X15000620.

Jabbar, Abdul, Ian Beveridge, and Malcolm S. Bryant. 2015. "Morphological and Molecular Observations on the Status of *Crassicauda magna*, a Parasite of the Subcutaneous Tissues of the Pygmy Sperm Whale, with a Re-evaluation of the Systematic Relationships of the Genus *Crassicauda*." *Parasitology Research* 114 (3): 835–41. https://doi.org/10.1007/s00436-014-4245-6.

Jangoux, Michel. 1984. "Diseases of Echinoderms." *Helgoländer Meeresuntersuchungen* 37 (1–4): 207–16.

Janovy Jr., John. 2002. "Concurrent Infections and the Community Ecology of Helminth Parasites." *Journal of Parasitology* 88 (3): 440–45. https://doi.org/10.1645/0022-3395(2002)088 [0440:CIATCE]2.0.CO;2.

Janovy Jr., John, Richard E. Clopton, David A. Clopton, Scott D. Snyder, Aris Efting, and Laura Krebs. 1995. "Species Density Distributions as Null Models for Ecologically Significant Interactions of Parasite Species in an Assemblage." *Ecological Modelling* 77 (2): 189–96. https:// doi.org/10.1016/0304-3800(93) E0087-J.

Janovy Jr., John, Richard E. Clopton, and Tamara J. Percival. 1992. "The Roles of Ecological and Evolutionary Influences in Providing Structure to Parasite Species Assemblages." *Journal of Parasitology* 78 (4): 630–40. https://doi.org/10.2307/3283537.

Janz, Niklas, and Sören Nylin. 2008. "The Oscillation Hypothesis of Host-Plant Range and Speciation." In *Specialization, Speciation, and Radiation: The Evolutionary Biology of Herbivorous Insects*, edited by Kelley J. Tilmon, 203–15. University of California Press.

Janzen, Daniel H. 1985. "On Ecological Fitting." *Oikos* 45 (3): 308–10.

Jenkins, Emily J., Louisa J. Castrodale, Simone J. C. de Rosemond, Brent R. Dixon, Stacey A. Elmore, Karen M. Gesy, Eric P. Hoberg, et al. 2013. "Tradition and Transition: Parasitic Zoonoses of People and Animals in Alaska, Northern Canada, and Greenland." In *Advances in Parasitology* 82: 33–204. Academic Press.

Jiménez, F. Agustín, Janet K. Braun, Mariel L. Campbell, and Scott L. Gardner. 2008. "Endoparasites of Fat-Tailed Mouse Opossums (*Thylamys didelphidae*) from Northwestern Argentina and Southern Bolivia, with the Description of a New Species of Tapeworm." *Journal of Parasitology* 94 (5): 1098–1102. https://doi.org/10.1645/GE-1424.1.

Jiménez-Uzcátegui, Gustavo, Bryan Milstead, Cruz Márquez, Javier Zabala, Paola Buitrón, Alizon Llerena, Sandie Salazar, and Birgit Fessl. 2006. "Galapagos Vertebrates: Endangered Status and Conservation Actions." *Galapagos Report* 2006–2007.

Johnson, Karl M. 2001. "Zoonotic Diseases—An Interview with Karl M. Johnson, MD by Vicky Glaser." *Vector-Borne and Zoonotic Diseases* 1 (3): 243–48. https://doi.org/10.1089/153036601753552611.

Johnston, T. Harvey, and Patricia M. Mawson. 1939. "Internal Parasites of the Pigmy Sperm Whale." *Records of the South Australian Museum* 6 (3): 263–74.

Jones, Arlene, Rodney A. Bray, and David I. Gibson, eds. 2005. *Keys to the Trematoda. Volume 2.* Wallingford: CABI.

Jones, Arlene, Lotfi F. Khalil, and Rodney A. Bray, eds. 1994. *Keys to the Cestode Parasites of Vertebrates.* CAB International.

Kajihara, Noriaki, and Kenji Hirayama. 2011. "The War against a Regional Disease in Japan: A History of the Eradication of *Schistosomiasis japonica*." *Tropical Medicine and Health* 39 (Suppl 1): 3.

Kallio, Eva R., Michael Begon, Heikki Henttonen, Esa Koskela, Tapio Mappes, Antti Vaheri, and Olli Vapalahti. 2009. "Cyclic Hantavirus Epidemics in Humans—Predicted by Rodent Host Dynamics." *Epidemics* 1 (2): 101–7. https://doi.org/10.1016/j.epidem.2009.03.002.

Kalogianni, Eleni, Nikol Kmentová, Eileen Harris, Brian Zimmerman, Sofia Giakoumi, Yorgos Chatzinikolaou, and Maarten P. M. Vanhove. 2017. "Occurrence and Effect of Trematode Metacercariae in Two Endangered Killifishes from Greece." *Parasitology Research* 116 (11): 3007–18. https://doi.org/10.1007/s00436-017-5610-z.

Kanev, Ivan. 1994. "Life-Cycle, Delimitation and Redescription of *Echinostoma revolutum* (Froelich, 1802) (Trematoda: Echinostomatidae)." *Systematic Parasitology* 28 (2): 125–44. https:// doi.org/10.1007/BF00009591.

Kempema, Silka. 2007. "The Influence of Grazing Systems on Grassland Bird Density, Productivity, and Species Richness on Private Rangeland in the Nebraska Sandhills." Thesis. University of Nebraska–Lincoln.

Kennedy, Clive R. 1999. "Post-Cyclic Transmission in *Pomphorhynchus laevis* (Acanthocephala)." *Folia Parasitologica* 46 (2): 111–16.

Kennedy, Clive R., P. F. Broughton, and P. M. Hine. 1978. "The Status of Brown and Rainbow Trout, *Salmo trutta* and *S. gairdneri* as Hosts of the Acanthocephalan, *Pomphorhynchus laevis*." *Journal of Fish Biology* 13 (2): 265–75. https://doi.org/10.1111/j.1095-8649.1978.tb03434.x.

Kiefer, Daniel, Michael Stubbe, Annegret Stubbe, Scott L. Gardner, D. Tserenorov, R. Samiya, D. Otgonbaatar, D. Sumiya, and Matthias S. Kiefer. 2012. "Siphonaptera of Mongolia and Tuva: Results of the Mongolian-German Biological Expeditions since 1962–Years 1999–2003." In *Erforschung Biologischer Ressourcen Der Mongolei*, 12: 153–67. Halle-Wittenberg: Institut für Biologie der Martin-Luther-Universität.

Kim, Myeong-Ju, Dong Hoon Shin, Mi-Jin Song, Hye-Young Song, and Min Seo. 2013. "Paleoparasitological Surveys for Detection of Helminth Eggs in Archaeological Sites of Jeolla-Do and Jeju-Do." *Korean Journal of Parasitology* 51 (4): 489.

Kinsella, John M., and Vasyl V. Tkach. 2009. "Checklist of Helminth Parasites of Soricomorpha(= Insectivora) of North America North of Mexico." *Zootaxa* 1969 (1): 36–58.

Klotz, Stephen A., Patricia L. Dorn, Mark Mosbacher, and Justin O. Schmidt. 2014. "Kissing Bugs in the United States: Risk for Vector-Borne Disease in Humans." *Environmental Health Insights* 8 (S2): 49–59.

Krupnik, Igor, Lars F. Krutak, Willis Walunga, Vera Metcalf, and Arctic Studies Center (National Museum of Natural History). 2002. *Akuzilleput Igaqullghet = Our Words Put to Paper: Sourcebook in St. Lawrence Island Heritage and History*. Washington, D.C.: Arctic Studies Center, National Museum of Natural History, Smithsonian Institution. http://archive.org/details/akuzilleputigaqu03krup.

Kuhn, Thomas, Jaime García-Màrquez, and Sven Klimpel. 2011. "Adaptive Radiation within Marine Anisakid Nematodes: A Zoogeographical Modeling of Cosmopolitan, Zoonotic Parasites." *PLOS ONE* 6 (12): e28642. https://doi.org/10.1371/journal.pone.0028642.

Kurtén, Björn. 1972. *The Age of Mammals*. New York: Columbia University Press.

Kutz, Susan J., Eric P. Hoberg, John Nagy, Lydden Polley, and Brett Elkin. 2004. "'Emerging' Parasitic Infections in Arctic Ungulates." *Integrative and Comparative Biology* 44 (2): 109–18. https://doi.org/10.1093/icb/44.2.109.

Kutz, Susan J., Eric P. Hoberg, Lydden Polley, and Emily J. Jenkins. 2005. "Global Warming Is Changing the Dynamics of Arctic Host–Parasite Systems." *Proceedings of the Royal Society B: Biological Sciences* 272 (1581): 2571–76. https://doi.org/10.1098/rspb.2005.3285.

Kuzelka, Robert D., and Charles Flowerday. 1993. *Flat Water: A History of Nebraska and Its Water*. Resource Report, No. 12. Conservation and Survey Division, Institute of Agriculture and Natural Resources, University of Nebraska–Lincoln.

Kuzmin, Yuriy, Vasyl V. Tkach, and Scott D. Snyder. 2003. "The Nematode Genus *Rhabdias* (Nematoda: Rhabdiasidae) from Amphibians and Reptiles of the Nearctic." *Comparative Parasitology* 70 (2): 101–14. https://doi. org/10.1654/4075.

Lafferty, Kevin D. 1993. "The Marine Snail, *Cerithidea californica*, Matures at Smaller Sizes Where Parasitism Is High." *Oikos* 68: 3–11.

Lafferty, Kevin D., Andrew P. Dobson, and Armand M. Kuris. 2006. "Parasites Dominate Food Web Links." *Proceedings of the National Academy of Sciences* 103 (30): 11211–16.

Lagrue, Clement, and Robert Poulin. 2007. "Life Cycle Abbreviation in the Trematode *Coitocaecum parvum*: Can Parasites Adjust to Variable Conditions?" *Journal of Evolutionary Biology* 20 (3): 1189–95.

Lambert, Christine R., Scott L. Gardner, and Donald W. Duszynski. 1988. "Coccidia (Apicomplexa: Eimeriidae) from the Subterranean Rodent *Ctenomys opimus* Wagner (Ctenomyidae) from Bolivia, South America." *Journal of Parasitology* 74 (6): 1018–22.

Lambshead, P. John D. 1993. "Recent Developments in Marine Benthic Biodiversity Research." *Oceanis* 19: 5–24.

Lambshead, P. John D., and Guy Boucher. 2003. "Marine Nematode Deep-Sea Biodiversity— Hyperdiverse or Hype?" *Journal of Biogeography* 30 (4): 475–85. https://doi.org/10.1046/j.1365-2699.2003.00843.x.

Leles, Daniela, Scott L. Gardner, Karl J. Reinhard, Alena Iñiguez, and Adauto Araújo. 2012. "Are *Ascaris lumbricoides* and *Ascaris suum* a Single Species?" *Parasites & Vectors* 5 (42). https://doi.org/10.1186/1756-3305-5-42.

Lempereur, Laetitia, Morgan Delobelle, Marjan Doom, Jan Haelters, Etienne Levy, Bertrand Losson, and Thierry Jauniaux. 2017. "*Crassicauda boopis* in a Fin Whale (*Balaenoptera physalus*) Ship-Struck in the Eastern North Atlantic Ocean." *Parasitology Open* 3. https://doi.org/10.1017/pao.2017.10.

Lessa, Enrique P. 1990. "Morphological Evolution of Subterranean Mammals: Integrating Structural, Functional, and Ecological Perspectives." *Progress in Clinical and Biological Research* 335: 211–30.

Lessa, Enrique P., and Joseph A. Cook. 1998. "The Molecular Phylogenetics of Tuco-Tucos (Genus: *Ctenomys*, Rodentia: Octodontidae) Suggests an Early

Burst of Speciation." *Molecular Phylogenetics and Evolution* 9 (1): 88–99. https://doi.org/10.1006/mpev.1997.0445.

Lewis, Paul D. 1974. "Helminths of Terrestrial Molluscs in Nebraska. II. Life Cycle of *Leucochloridium variae* McIntosh, 1932 (Digenea: Leucochloridiidae)." *Journal of Parasitology* 60 (2): 251–55. https://doi.org/10.2307/3278459.

Lim, Boo Liat, and Donald Heyneman. 1965. "Host-Parasite Studies of *Angiostrongylus cantonensis* (Nematoda, Metastrongylidae) in Malaysian Rodents: Natural Infection of Rodents and Molluscs in Urban and Rural Areas of Central Malaya." *Annals of Tropical Medicine & Parasitology* 59 (4): 425–33. https://doi.org/10.1080/00034983.1965.11686328.

Littlewood, D. Timothy J., and Kenneth de Baets, eds. 2015. *Fossil Parasites.* *Advances in Parasitology*, vol. 90. Academic Press.

Littlewood, D. Timothy J., and Rodney A. Bray. 2014. *Interrelationships of the Platyhelminthes.* Boca Raton, FL: CRC Press.

Lockyer, Anne E., Catherine S. Jones, Leslie R. Noble, and David Rollinson. 2004. "Trematodes and Snails: An Intimate Association." *Canadian Journal of Zoology* 82 (2): 251–69.

Loker, Eric, and Bruce Hofkin. 2015. *Parasitology: A Conceptual Approach.* New York: Garland Science.

Loope, David B., and James B. Swinehart. 2000. "Thinking like a Dune Field: Geologic History in the Nebraska Sand Hills." *Great Plains Research* 10: 5–35.

Loope, David B., James B. Swinehart, and Jon P. Mason. 1995. "Dune-Dammed Paleovalleys of the Nebraska Sand Hills: Intrinsic versus Climatic Controls on the Accumulation of Lake and Marsh Sediments." *GSA Bulletin* 107 (4): 396–406. https://doi.org/10.1130/0016-7606(1995)107<0396:DDPOTN>2.3.CO;2.

Loope, Lloyd L., Ole Hamann, and Charles P. Stone. 1988. "Comparative Conservation Biology of Oceanic Archipelagoes: Hawaii and the Galápagos." *BioScience* 38 (4): 272–82. https://doi.org/10.2307/1310851.

Lurie-Weinberger, Mor N., and Uri Gophna. 2015. "Archaea in and on the Human Body: Health Implications and Future Directions." *PLOS Pathogens* 11 (6): e1004833. https://doi.org/10.1371/journal.ppat.1004833.

MacArthur, Robert Helmer, and Edward O. Wilson. 1967. *The Theory of Island Biogeography.* Princeton, NJ: Princeton University Press.

MacFadden, Bruce J., Yang Wang, Thure E. Cerling, and Federico Anaya. 1994. "South American Fossil Mammals and Carbon Isotopes: A 25 Million-Year Sequence from the Bolivian Andes." *Palaeogeography, Palaeoclimatology, Palaeoecology* 107 (3): 257–68. https://doi.org/10.1016/0031-0182(94)90098-1.

Mackenzie, Charles D., Mamoun M. Homeida, Adrian D. Hopkins, and Joni C. Lawrence. 2012. "Elimination of Onchocerciasis from Africa: Possible?" *Trends in Parasitology* 28 (1): 16–22. https://doi.org/10.1016/j.pt.2011.10.003.

Makarikov, Arseny A., and Vasyl V. Tkach. 2013. "Two New Species of *Hymenolepis* (Cestoda: Hymenolepididae) from Spalacidae and Muridae (Rodentia) from Eastern Palearctic." *Acta Parasitologica* 58 (1): 37–49. https://doi.org/10.2478/s11686-013-0115-0.

Manter, Harold W. 1955. "The Zoogeography of Trematodes of Marine Fishes." *Experimental Parasitology* 4 (1): 62–86. https://doi.org/10.1016/0014-4894(55)90024-2.

———. 1963. "The Zoogeographical Affinities of Trematodes of South American Freshwater Fishes." *Systematic Zoology* 12 (2): 45–70. https://doi.org/10.2307/2411621.

Marcer, Federica, Enrico Negrisolo, Giovanni Franzo, Cinzia Tessarin, Mario Pietrobelli, and Erica Marchiori. 2019. "Morphological and Molecular Characterization of Adults and Larvae of *Crassicauda* spp. (Nematoda: Spirurida) from Mediterranean Fin Whales *Balaenoptera physalus* (Linnaeus, 1758)." *International Journal for Parasitology: Parasites and Wildlife* 9: 258–65. https://doi.org/10.1016/j.ijppaw.2019.06.004.

Marcogliese, David J. 2008. "The Impact of Climate Change on the Parasites and Infectious Diseases of Aquatic Animals." *Revue Scientifique et Technique* 27 (2): 467–84.

Marcogliese, David J., and Judith Price. 1997. "The Paradox of Parasites." *Global Biodiversity* 7 (3): 7–15.

Margulis, Lynn. 1970. *Origin of Eukaryotic Cells: Evidence and Research Implications for a Theory of the Origin and Evolution of Microbial, Plant, and Animal Cells on the Precambrian Earth*. Yale University Press.

———. 1981. *Symbiosis in Cell Evolution: Life and Its Environment on the Early Earth*. San Francisco: W. H. Freeman.

Martin, Walter Edwin. 1950. "*Euhaplorchis californiensis* n.g., n. sp., Heterophyidae, Trematoda, with Notes on Its Life-Cycle." *Transactions of the American Microscopical Society* 69 (2): 194–209. https://doi.org/10.2307/3223410.

Mason, Joseph A., James B. Swinehart, Ronald J. Goble, and David B. Loope. 2004. "LateHolocene Dune Activity Linked to Hydrological Drought, Nebraska Sand Hills, USA." *The Holocene* 14 (2): 209–17. https://doi.org/10.1191/0959683604hl677rp.

Mason, Joseph A., James B. Swinehart, Paul R. Hanson, David B. Loope, Ronald J. Goble, Xiaodong Miao, and Rebecca L. Schmeisser. 2011. "Late Pleistocene Dune Activity in the Central Great Plains, USA." Quaternary Science Reviews 30 (27): 3858–70. https://doi.org/10.1016/j.quascirev.2011.10.005.

Mauldin, Matthew, Jeffrey Doty, Yoshinori Nakazawa, Ginny Emerson, and Darin Carroll. 2016. "The Importance of Mammalogy, Infectious Disease Research, and Biosafety in the Field." *MANTER: Journal of Parasite Biodiversity* 3

(August): 1–9.

McAlpine, Donald F., Lurie D. Murison, and Eric P. Hoberg. 1997. "New Records for the Pygmy Sperm Whale, *Kogia breviceps* (Physeteridae) from Atlantic Canada with Notes on Diet and Parasites." *Marine Mammal Science* 13 (4): 701–4.

McCarraher, D. Bruce. 1960. "The Nebraska Sandhill Lakes: Their Characteristics and Fisheries Management Problems." In *Nebraska Game and Parks Commission—White Papers, Conference Presentations, & Manuscripts*, 7. Bassett, Nebraska: Nebraska Game, Forestation and Parks Commission.

McElwain, Andrew. 2019. "Are Parasites and Diseases Contributing to the Decline of Freshwater Mussels (Bivalvia, Unionida)?" *Freshwater Mollusk Biology and Conservation* 22 (2): 85–89.

McIntosh, Allen. 1932. "Some New Species of Trematode Worms of the Genus *Leucochloridium carus*, Parasitic in Birds from Northern Michigan, with a Key and Notes on Other Species of the Genus." *Journal of Parasitology* 19 (1): 32–53. https://doi.org/10.2307/3271429.

McIntosh, Charles Barron. 1996. *The Nebraska Sand Hills: The Human Landscape.* University of Nebraska Press.

McNulty, Samantha N., Andrew S. Mullin, Jefferson A. Vaughan, Vasyl V. Tkach, Gary J. Weil, and Peter U. Fischer. 2012. "Comparing the Mitochondrial Genomes of *Wolbachia*-Dependent and Independent Filarial Nematode Species." *BMC Genomics* 13 (145). https://doi.org/10.1186/1471-2164-13-145.

Mehlhorn, Heinz. 2008. *Encyclopedia of Parasitology. Volumes 1–2.* Springer Science & Business Media.

Miller, Melissa A., John M. Kinsella, Ray W. Snow, Malorie M. Hayes, Bryan G. Falk, Robert N. Reed, Frank J. Mazzotti, Craig Guyer, and Christina M. Romagosa. 2018. "Parasite Spillover: Indirect Effects of Invasive Burmese Pythons." *Ecology and Evolution* 8 (2): 830–40. https:// doi.org/10.1002/ece3.3557.

Mitchell, Piers D. 2013. "The Origins of Human Parasites: Exploring the Evidence for Endoparasitism throughout Human Evolution." *International Journal of Paleopathology* 3 (3): 191–98. https://doi.org/10.1016/j.ijpp.2013.08.003.

Mitchell, Piers D., Evilena Anastasiou, and Danny Syon. 2011. "Human Intestinal Parasites in Crusader Acre: Evidence for Migration with Disease in the Medieval Period." *International Journal of Paleopathology* 1 (3): 132–37. https://doi.org/10.1016/j.ijpp.2011.10.005.

Monks, Scott, Víctor Rafael Zárate-Ramírez, and Griselda Pulido-Flores. 2005. "Helminths of Freshwater Fishes from the Metztitlán Canyon Reserve of the Biosphere, Hidalgo, Mexico." *Comparative Parasitology* 72 (2): 212–19. https://doi.org/10.1654/4139.

Moore, Janice. 1981. "Asexual Reproduction and Environmental Predictability in Cestodes (Cyclophyllidea: Taeniidae)." *Evolution* 35 (4): 723–41. https://doi.org/10.2307/2408243.

———. 1983. "Responses of an Avian Predator and Its Isopod Prey to an Acanthocephalan Parasite." *Ecology* 64 (5): 1000–1015. https://doi.org/10.2307/1937807.

Moore, Janice, Michael Freehling, and Nicholas J. Gotelli. 1994. "Altered Behavior in Two Species of Blattid Cockroaches Infected with *Moniliformis moniliformis* (Acanthocephala)." *Journal of Parasitology* 80 (2): 220–23. https://doi.org/10.2307/3283750.

Morand, Serge, and Boris R. Krasnov. 2010. *The Biogeography of Host-Parasite Interactions*. Oxford University Press.

Morand, Serge, Boris R. Krasnov, and D. Timothy J. Littlewood, eds. 2015. *Parasite Diversity and Diversification*. Cambridge University Press.

Morand, Serge, Boris R. Krasnov, and Robert Poulin. 2007. *Micromammals and Macroparasites: From Evolutionary Ecology to Management*. New York: Springer.

Morand, Serge, Pierre Legendre, Scott L. Gardner, and Jean-Pierre Hugot. 1996. "Body Size Evolution of Oxyurid (Nematoda) Parasites: The Role of Hosts." *Oecologia* 107 (2): 274–82. https://doi.org/10.1007/BF00327912.

Morgan, Jess A. T., Randall J. Dejong, Grace O. Adeoye, Ebenezer D. O. Ansa, Constança S. Barbosa, Philippe Brémond, Italo M. Cesari, et al. 2005. "Origin and Diversification of the Human Parasite *Schistosoma mansoni*." *Molecular Ecology* 14 (12): 3889–3902. https://doi.org/10.1111/j.1365-294X.2005.02709.x.

Muniz-Pereira, Luís C., Fabiano M. Vieira, and José L. Luque. 2009. "Checklist of Helminth Parasites of Threatened Vertebrate Species from Brazil." *Zootaxa* 2123 (1): 1–45. https://doi.org/10.11646/zootaxa.2123.1.1.

Myers, Thomas P. 1995. "Paleoindian Occupation of the Eastern Sand Hills." *Plains Anthropologist* 40 (151): 61–68.

Nadler, Steven A., Ramon A. Carreno, Hugo H. Mejía-Madrid, J. Ullberg, C. Pagan, R. Houston, and Jean-Pierre Hugot. 2007. "Molecular Phylogeny of Clade III Nematodes Reveals Multiple Origins of Tissue Parasitism." *Parasitology* 134 (10): 1421–42. https://doi.org/10.1017/S0031182007002880.

Nakao, Minoru, Antti Lavikainen, Tetsuya Yanagida, and Akira Ito. 2013. "Phylogenetic Systematics of the Genus *Echinococcus* (Cestoda: Taeniidae)." *International Journal for Parasitology*, Zoonoses Special Issue, 43 (12): 1017–29. https://doi.org/10.1016/j.ijpara.2013.06.002.

Navarro, Gonzalo, and Mabel Maldonado. 2002. *Geografía Ecológica de Bolivia: Vegetación y Ambientes Acuáticos*. Cochabamba, Bolivia: Centro de Ecología Simón I. Patiño, Departamento de Difusión.

Navone, Graciela T., Juliana Notarnicola, Santiago Nava, María del Rosario Robles, Carlos Galliari, and Marcela Lareschi. 2009. "Arthropods and Helminths Assemblage in Sigmodontine Rodents from Wetlands of the Rio de La Plata, Argentina." *Mastozoología Neotropical* 16 (1): 121–33.

Near, Thomas J. 2002. "Acanthocephalan Phylogeny and the Evolution of Parasitism." *Integrative and Comparative Biology* 42 (3): 668–77. https://doi. org/10.1093/icb/42.3.668.

Nelwan, Martin L. 2019. "Schistosomiasis: Life Cycle, Diagnosis, and Control." *Current Therapeutic Research* 91: 5–9.

Nichol, Stuart T., Christina F. Spiropoulou, Sergey Morzunov, Pierre E. Rollin, Thomas G. Ksiazek, Heinz Feldmann, Anthony Sanchez, James Childs, Sherif Zaki, and Clarence J. Peters. 1993. "Genetic Identification of a Hantavirus Associated with an Outbreak of Acute Respiratory Illness." *Science* 262 (5135): 914–17.

Niewiadomska, Katarzyna, and Teresa Pojmanska. 2011. "Multiple Strategies of Digenean Trematodes to Complete Their Life Cycles." *Wiadomości Parazytologiczne* 57 (4): 233–41.

Notarnicola, Juliana, F. Agustín Jiménez, and Scott L. Gardner. 2007. "A New Species of *Dipetalonema* (Filarioidea: Onchocercidae) from *Ateles chamek* from the Beni of Bolivia." *Journal of Parasitology* 93 (3): 661–67.

Notarnicola, Juliana, F. Agustín Jiménez Ruíz, and Scott L. Gardner. 2010. "*Litomosoides* (Nemata: Filarioidea) of Bats from Bolivia with Records for Three Known Species and the Description of a New Species." *Journal of Parasitology* 96 (4): 775–82. https://doi.org/10.1645/GE-2371.1.

Nozais, Jean-Pierre. 2003. "The Origin and Dispersion of Human Parasitic Diseases in the Old World (Africa, Europe and Madagascar)." *Memórias Do Instituto Oswaldo Cruz* 98 (Suppl. 1): 13–19. https://doi.org/10.1590/S0074-02762003000900004.

Nylin, Sören, Jessica Slove, and Niklas Janz. 2014. "Host Plant Utilization, Host Range Oscillations and Diversification in Nymphalid Butterflies: A Phylogenetic Investigation." *Evolution* 68 (1): 105–24. https://doi.org/10.1111/evo.12227.

Odum, Eugene P. 1971. *Fundamentals of Ecology*. 3rd ed. Philadelphia: W. B. Saunders Co. https://isbndb.com/book/9780721669410.

Oetinger, David F., and Brent B. Nickol. 1981. "Effects of Acanthocephalans on Pigmentation of Freshwater Isopods." *Journal of Parasitology* 67 (5): 672–84. https://doi.org/10.2307/3280441. Olson, Peter D., Thomas H. Cribb, Vasyl V. Tkach, Rodney A. Bray, and D. Timothy J. Littlewood. 2003. "Phylogeny and Classification of the Digenea (Platyhelminthes: Trematoda)." *International Journal for Parasitology* 33 (7): 733–55. https://doi.org/10.1016/S0020-7519(03)00049-3.

Olson, Peter D., and Vasyl V. Tkach. 2005. "Advances and Trends in the Molecular Systematics of the Parasitic Platyhelminthes." In *Advances in Parasitology* 60: 165–243. Academic Press. https://doi.org/10.1016/S0065-308X(05)60003-6.

Oh, Chang Seok, Min Seo, Jong Yil Chai, Sang Jun Lee, Myeung Ju Kim, Jun Bum Park, and Dong Hoon Shin. 2010. "Amplification and Sequencing of *Trichuris trichiura* Ancient DNA Extracted from Archaeological Sediments." *Journal of Archaeological Science* 37 (6): 1269–73. https://doi.org/10.1016/j.jas.2009.12.029.

Ōmura, Satoshi. 2016. "A Splendid Gift from the Earth: The Origins and Impact of the Avermectins (Nobel Lecture)." *Angewandte Chemie International Edition* 55 (35): 10190–209. https://doi.org/10.1002/anie.201602164.

Overstreet, Robin M., and Stephen S. Curran. 2004. "Defeating Diplostomoid Dangers in USA Catfish Aquaculture." *Folia Parasitologica* 51 (2–3): 153–65.

Palm, Harry W. 2011. "Fish Parasites as Biological Indicators in a Changing World: Can We Monitor Environmental Impact and Climate Change?" In *Progress in Parasitology*, edited by Heinz Mehlhorn, 223–50. Parasitology Research Monographs. Berlin: Springer. https://doi.org/10.1007/978-3-642-21396-0_12.

Parvate, Amar, Evan P. Williams, Mariah K. Taylor, Yong-Kyu Chu, Jason Lanman, Erica Ollmann Saphire, and Colleen B. Jonsson. 2019. "Diverse Morphology and Structural Features of Old and New World Hantaviruses." *Viruses* 11 (9): 862. https://doi.org/10.3390/v11090862.

Patton, James L, and Mark S. Hafner. 1983. "Biosystematics of the Native Rodents of the Galapagos Archipelago, Ecuador." In *Patterns of Evolution in Galapagos Organisms*, edited by Robert I. Bowman, Margaret Berson, and Alan E. Leviton, 539–68. San Francisco: AAAS.

Pavesi, Angelo. 2005. "Microbes Coevolving with Human Host and Ancient Human Migrations." *Journal of Anthropological Sciences* 83: 9–28.

Pennisi, Elizabeth. 2019. "DNA Barcodes Jump-Start Search for New Species." *Science* 364 (6444): 920–21. https://doi.org/10.1126/science.364.6444.920.

Pellis, Sergio M., Tamara J. Pasztor, Vivien C. Pellis, and Donald A. Dewsbury. 2000. "The Organization of Play Fighting in the Grasshopper Mouse (*Onychomys leucogaster*): Mixing Predatory and Sociosexual Targets and Tactics." *Aggressive Behavior* 26 (4): 319–34. https://doi.org/10.1002/1098-2337(2000)26:4<319::AID-AB4>3.0.CO;2-I.

Pfeiffer, Kent E., and Allen A. Steuter. 1994. "Preliminary Response of Sandhills Prairie to Fire and Bison Grazing." *Rangeland Ecology & Management / Journal of Range Management Archives* 47 (5): 395–97.

Plyusnina, Angelina, Emöke Ferenczi, Gabor R. Racz, Kirill Nemirov, Åke Lundkvist, Antti Vaheri, Olli Vapalahti, and Alexander Plyusnin. 2009. "Co-circulation of Three Pathogenic Hantaviruses: Puumala, Dobrava, and Saaremaa in Hungary." *Journal of Medical Virology* 81 (12): 2045–52. https://

doi.org/10.1002/jmv.21635.

Poinar Jr., George, and A. J. Boucot. 2006. "Evidence of Intestinal Parasites of Dinosaurs." *Parasitology* 133 (2): 245–49. https://doi.org/10.1017/S0031182006000138.

Poinar Jr., George, and Roberta Poinar. 2010. *What Bugged the Dinosaurs? Insects, Disease, and Death in the Cretaceous*. Princeton University Press.

Polley, Lydden, Eric P. Hoberg, and Susan J. Kutz. 2010. "Climate Change, Parasites and Shifting Boundaries." *Acta Veterinaria Scandinavica* 52 (1): S1. https://doi.org/10.1186/1751-0147-52-S1-S1.

Ponton, Fleur, Fernando Otálora-Luna, Thierry Lefèvre, Patrick M. Guerin, Camille Lebarbenchon, David Duneau, David G. Biron, and Frédéric Thomas. 2011. "Water-Seeking Behavior in Worm-Infected Crickets and Reversibility of Parasitic Manipulation." *Behavioral Ecology* 22 (2): 392–400. https://doi.org/10.1093/beheco/arq215.

Poulin, Robert, Jacques Brodeur, and Janice Moore. 1994. "Parasite Manipulation of Host Behaviour: Should Hosts Always Lose?" *Oikos* 70 (3): 479–84. https://doi.org/10.2307/3545788.

Poulin, Robert, Megan Wise, and Janice Moore. 2003. "A Comparative Analysis of Adult Body Size and Its Correlates in Acanthocephalan Parasites." *International Journal for Parasitology* 33(8): 799–805. https://doi.org/10.1016/S0020-7519(03)00108-5.

Pritchard, Mary Hanson, and Günther O.W. Kruse. 1982. *The Collection and Preservation of Animal Parasites*. Lincoln: University of Nebraska Press.

Pulido-Flores, Griselda, and Scott Monks. 2005. "Monogenean Parasites of Some Elasmobranchs (Chondrichthyes) from the Yucatán Peninsula, Mexico." *Comparative Parasitology* 72 (1): 69–74. https://doi.org/10.1654/4049.

Racz, Gabor R., Enikő Bán, Emőke Ferenczi, and György Berencsi. 2006. "A Simple Spatial Model to Explain the Distribution of Human Tick-Borne Encephalitis Cases in Hungary." *VectorBorne and Zoonotic Diseases* 6 (4): 369–78. https://doi.org/10.1089/vbz.2006.6.369.

Ratcliffe, Brett C. 1998. "Insects." In *An Atlas of the Sand Hills*, 3rd ed., edited by Ann Salomon Bleed and Charles Flowerday, 143–54. Resource Atlas, no. 5b. Lincoln: Conservation and Survey Division, Institute of Agriculture and Natural Resources, University of Nebraska–Lincoln.

Rausch, Robert L. 1952. "Studies on the Helminth Fauna of Alaska. XI. Helminth Parasites of Microtine Rodents: Taxonomic Considerations." *Journal of Parasitology* 38 (5): 415–44. https:// doi.org/10.2307/3273922.

———. 1953a. "On the Land Mammals of St. Lawrence Island, Alaska." *The Murrelet* 34 (2): 18–26. https://doi.org/10.2307/3535866.

———. 1953b. "Studies on the Helminth Fauna of Alaska. XIII. Disease in the Sea Otter, with Special Reference to Helminth Parasites." *Ecology* 34 (3):

584–604. https://doi.org/10.2307/1929729.

———. 1953c. "The Taxonomic Value and Variability of Certain Structures in the Cestode Genus *Echinococcus* (Rudolphi, 1801) and a Review of Recognized Species." In *Thapar Commemoration Volume 1953: A Collection of Articles Presented to Prof. G. S. Thapar on His 60th Birthday*, edited by Jagdeshwari Dayal.

———. 1975. "Cestodes of the Genus *Hymenolepis* Weinland, 1858 (sensu lato) from Bats in North America and Hawaii." *Canadian Journal of Zoology* 53 (11): 1537–51. https://doi.org/10.1139/z75-189.

Rausch, Robert L., and Everett L. Schiller. 1956. "Studies on the Helminth Fauna of Alaska: XXV. The Ecology and Public Health Significance of *Echinococcus sibiricensis* Rausch & Schiller, 1954, on St Lawrence Island." *Parasitology* 46 (3–4): 395–419. https://doi.org/10.1017/S0031182000026561.

Rausch, Robert L., and Francis S. L. Williamson. 1959. "Studies on the Helminth Fauna of Alaska. XXXIV. The Parasites of Wolves, *Canis lupus* L." *Journal of Parasitology* 45 (4): 395–403. https://doi.org/10.2307/3274390.

Rausch, Robert L., and Stephen H. Richards. 1971. "Observations on Parasite–Host Relationships of *Echinococcus multilocularis* Leuckart, 1863, in North Dakota." *Canadian Journal of Zoology* 49 (10): 1317–30. https://doi.org/10.1139/z71-198.

Rausch, Robert L., F. H. Fay, and Francis S. L. Williamson. 1990. "The Ecology of *Echinococcus multilocularis* (Cestoda: Taeniidae) on St. Lawrence Island, Alaska.—II.—Helminth Populations in the Definitive Host." *Annales de Parasitologie Humaine et Comparée* 65 (3): 131–40. https://doi.org/10.1051/parasite/1990653131.

Ravasi, Damiana F., Mannus J. O'Riain, Faezah Davids, and Nicola Illing. 2012. "Phylogenetic Evidence That Two Distinct Trichuris Genotypes Infect Both Humans and Non-Human Primates." *PLOS ONE* 7 (8): p.e44187. https://doi.org/10.1371/journal.pone.0044187.

Raven, Peter H. 2002. "Science, Sustainability, and the Human Prospect." *Science* 297 (5583): 954–58. https://doi.org/10.1126/science.297.5583.954.

Raven, Peter H., and Daniel I. Axelrod. 1974. "Angiosperm Biogeography and Past Continental Movements." *Annals of the Missouri Botanical Garden* 61 (3): 539–673. https://doi.org/10.2307/2395021.

Raven, Peter H., and Scott E. Miller. 2020. "Here Today, Gone Tomorrow." *Science* 370 (6513): 149. https://doi.org/10.1126/science.abf1185.

Reichman, O. James, Thomas G. Whitham, and George A. Ruffner. 1982. "Adaptive Geometry of Burrow Spacing in Two Pocket Gopher Populations." *Ecology* 63 (3): 687–95. https://doi.org/10.2307/1936789.

Resetarits, Emlyn J., Mark E. Torchin, and Ryan F. Hechinger. 2020. "Social Trematode Parasites Increase Standing Army Size in Areas of Greater Invasion

Threat." *Biology Letters* 16 (2): 1–7. https://doi.org/10.1098/rsbl.2019.0765.

Richards, Charles S. 1977. "*Schistosoma mansoni*: Susceptibility Reversal with Age in the Snail Host *Biomphalaria glabrata*." *Experimental Parasitology* 42 (1): 165–68. https://doi.org/10.1016/0014-4894(77)90074-1.

Richards, Frank, Donald Hopkins, and Ed Cupp. 2000. "Programmatic Goals and Approaches to Onchocerciasis." *Lancet* 355 (9216): 1663–64.

Ricklefs, Robert E. 1973. *Ecology*. 2nd ed. Newton, MS: Chiron Press.

Ripperger, Simon P., Sebastian Stockmaier, and Gerald G. Carter. 2020. "Tracking Sickness Effects on Social Encounters via Continuous Proximity Sensing in Wild Vampire Bats." *Behavioral Ecology* 31 (6): 1296–1302. https://doi.org/10.1093/beheco/araa111.

Roberts, Larry S., and John Janovy. 2000. *Gerald D. Schmidt & Larry S. Roberts' Foundations of Parasitology*. 6th ed. Boston: McGraw Hill.

Robles, María del Rosario, Graciela T. Navone, and Juliana Notarnicola. 2006. "A New Species of *Trichuris* (Nematoda: Trichuridae) from Phyllotini Rodents in Argentina." *Journal of Parasitology* 92 (1): 100–104. https://doi.org/10.1645/GE-GE-552R.1.

Rodrigues, Priscila T., Hugo O. Valdivia, Thais C. de Oliveira, João Marcelo P. Alves, Ana Maria R. C. Duarte, Crispim Cerutti-Junior, Julyana C. Buery, et al. 2018. "Human Migration and the Spread of Malaria Parasites to the New World." *Scientific Reports* 8 (1): 1993. https://doi.org/10.1038/s41598-018-19554-0.

Rossin, Alejandra, and Ana I. Malizia. 2002. "Relationship between Helminth Parasites and Demographic Attributes of a Population of the Subterranean Rodent *Ctenomys talarum* (Rodentia: Octodontidae)." Journal of Parasitology 88 (6): 1268–70. https://doi.org/10.1645/0022-3395(2002)088[1268:RBHPAD]2.0.CO;2.

Rostami, A., S. M. Riahi, H. R. Gamble, Y. Fakhri, M. Nourollahpour Shiadeh, M. Danesh, H. Behniafar, et al. 2020. "Global Prevalence of Latent Toxoplasmosis in Pregnant Women: A Systematic Review and Meta-Analysis." *Clinical Microbiology and Infection* 26 (6): 673–83. https://doi.org/10.1016/j.cmi.2020.01.008.

Rueppell, Olav, Miranda K. Hayworth, and N. P. Ross. 2010. "Altruistic Self-Removal of HealthCompromised Honey Bee Workers from Their Hive." *Journal of Evolutionary Biology* 23 (7): 1538–46. https://doi.org/10.1111/j.1420-9101.2010.02022.x.

Ruiz, Gregory M., and David R. Lindberg. 1989. "A Fossil Record for Trematodes: Extent and Potential Uses." *Lethaia* 22 (4): 431–38. https://doi.org/10.1111/j.1502-3931.1989.tb01447.x.

Russo, Isa-Rita M., Sean Hoban, Paulette Bloomer, Antoinette Kotzé, Gernot Segelbacher, Ian Rushworth, Coral Birss, and Michael W. Bruford. 2019.

"'Intentional Genetic Manipulation' as a Conservation Threat." *Conservation Genetics Resources* 11 (2): 237–47. https://doi.org/10.1007/s12686-018-0983-6.

Sage, Richard D., Donald Heyneman, Kee-Chong Lim, and Allan C. Wilson. 1986. "Wormy Mice in a Hybrid Zone." *Nature* 324 (6092): 60–63. https://doi.org/10.1038/324060a0.

Salm, Andrea, and Jürg Gertsch. 2019. "Cultural Perception of Triatomine Bugs and Chagas Disease in Bolivia: A Cross-Sectional Field Study." *Parasites & Vectors* 12 (1): 291. https://doi.org/10.1186/s13071-019-3546-0.

Sato, Hiroshi, Munehiro Okamoto, Masashi Ohbayashi, and Maria Gloria Basanez. 1988. "A New Cestode, *Raillietina (Raillietina) oligocapsulata* n. sp., and *R. (R.) demerariensis* (Daniels, 1895) from Venezuelan Mammals." *Japanese Journal of Veterinary Research* 36 (1): 31–45.

Schacht, Walter H., Jerry D. Volesky, Dennis Bauer, Alexander Smart, and Eric Mousel. 2000. "Plant Community Patterns on Upland Prairie in the Eastern Nebraska Sandhills." *Prairie Naturalist* 32 (1): 43–58.

Schell, Stewart Claude. 1970. *How to Know the Trematodes*. W. C. Brown Company. Schmidt, Gerald D. 1970. *How to Know the Tapeworms*. W. C. Brown Company.

———. 1986. *CRC Handbook of Tapeworm Identification*. Boca Raton, FL: CRC-Press. Schmidt, Gerald D., and Larry S. Roberts. 1977. *Foundations of Parasitology*. Mosby.

Schmieder, Jens, Sherilyn C. Fritz, James B. Swinehart, Avery L. C. Shinneman, Alexander P. Wolfe, Gifford Miller, N. Daniels, K. C. Jacobs, and Eric C. Grimm. 2011. "A Regional-Scale Climate Reconstruction of the Last 4000 Years from Lakes in the Nebraska Sand Hills, USA." *Quaternary Science Reviews* 30 (13–14): 1797–1812.

Schmeisser, Rebecca L., David B. Loope, and David A. Wedin. 2009. "Clues to the Medieval Destabilization of the Nebraska Sand Hills, USA, from Ancient Pocket Gopher Burrows." *PALAIOS* 24 (12): 809–17. https://doi.org/10.2110/palo.2009.p09-037r.

Schmunis, Gabriel A. 2007. "Epidemiology of Chagas Disease in Non Endemic Countries: The Role of International Migration." *Memórias Do Instituto Oswaldo Cruz* 102 (October): 75–86. https://doi.org/10.1590/S0074-02762007005000093.

Scholz, Tomáš, Roman Kuchta, and Jan Brabec. 2019. "Broad Tapeworms (Diphyllobothriidae), Parasites of Wildlife and Humans: Recent Progress and Future Challenges." *International Journal for Parasitology: Parasites and Wildlife* 9: 359–69. https://doi.org/10.1016/j.ijppaw.2019.02.001.

Sheng, Jinliang, Mengmeng Jiang, Meihua Yang, Xinwen Bo, Shanshan Zhao, Yanyan Zhang, Hazihan Wureli, Baoju Wang, Changchun Tu, and Yuanzhi

Wang. 2019. "Tick Distribution in Border Regions of Northwestern China." *Ticks and Tick-Borne Diseases* 10 (3): 665–69. https://doi.org/10.1016/j.ttbdis.2019.02.011.

Simpson, George Gaylord. 1980. *Splendid Isolation: The Curious History of South American Mammals*. Yale University Press.

Skinner, John D., and Christian T. Chimimba. 2005. *The Mammals of the Southern African Subregion*. Cambridge University Press.

Skryabin, A. S. 1961. "*Tetragonoporus calyptocephalus* n.g., n.sp. from the Sperm Whale." *Helminthologia* 3 (1/4): 311–15.

———. 1967. "*Polygonoporus giganticus* n.g., n.sp., a Parasite of Sperm Whales." *Parazitologiya* 1 (2): 131–36.

Skuce, Philip J., Eric R. Morgan, Jan van Dijk, and Malcolm Mitchell. 2013. "Animal Health Aspects of Adaptation to Climate Change: Beating the Heat and Parasites in a Warming Europe." *Animal* 7 (S2): 333–45. https://doi.org/10.1017/S175173111300075X.

Smit, Nico J., Niel L. Bruce, and Kerry A. Hadfield, eds. 2019. *Parasitic Crustacea: State of Knowledge and Future Trends*. Vol. 3. Zoological Monographs. Cham, Switzerland: Springer International.

Smythe, Ashleigh B., Oleksandr Holovachov, and Kevin M. Kocot. 2019. "Improved Phylogenomic Sampling of Free-Living Nematodes Enhances Resolution of Higher-Level Nematode Phylogeny." *BMC Evolutionary Biology* 19 (1): 121. https://doi.org/10.1186/s12862-019-1444-x. Sokolow, Susanne H., Chelsea L. Wood, Isabel J. Jones, Kevin D. Lafferty, Armand M. Kuris, Michael H. Hsieh, and Giulio A. De Leo. 2018. "To Reduce the Global Burden of Human

Schistosomiasis, Use 'Old Fashioned' Snail Control." *Trends in Parasitology* 34 (1): 23–40. Solari, Sergio, Víctor Pacheco, Lucía Luna, Paul M. Velazco, and Bruce D. Patterson. 2006. "Mammals of the Manu Biosphere Reserve." *Fieldiana Zoology* 2006 (110): 13–22.

Song, J.-W., L. J. Baek, J. W. Nagle, D. Schlitter, and R. Yanagihara. 1996. "Genetic and Phylogenetic Analyses of Hantaviral Sequences Amplified from Archival Tissues of Deer Mice (*Peromyscus maniculatus nubiterrae*) Captured in the Eastern United States." *Archives of Virology* 141 (5): 959–67. https://doi.org/10.1007/BF01718170.

Southwell, T., and Baini Prashad. 1918. "Methods of Asexual and Parthenogenetic Reproduction in Cestodes." *Journal of Parasitology* 4 (3): 122–29. https://doi.org/10.2307/3271029.

Steiner-Souza, Francisco, Thales R. O. De Freitas, and Pedro Cordeiro-Estrela. 2010. "Inferring Adaptation within Shape Diversity of the Humerus of Subterranean Rodent *Ctenomys*." *Biological Journal of the Linnean Society* 100 (2): 353–67. https://doi.org/10.1111/j.1095-8312.2010.01400.x.

Stevens, Jamie R., Harry A. Noyes, Gabriel A. Dover, and Wendy C. Gibson. 1999.

"The Ancient and Divergent Origins of the Human Pathogenic Trypanosomes, *Trypanosoma brucei* and *T. cruzi*." *Parasitology* 118 (1): 107–16. https://doi.org/10.1017/S0031182098003473.

Stiles, Charles Wardell. 1939. "Early History, in Part Esoteric, of the Hookworm (Uncinariasis) Campaign in Our Southern United States." *Journal of Parasitology* 25 (4): 283–308.

Strickland, G. Thomas. 2006. "Liver Disease in Egypt: Hepatitis C Superseded Schistosomiasis as a Result of Latrogenic and Biological Factors." *Hepatology* 43 (5): 915–22. https://doi.org/10.1002/hep.21173.

Stubbendieck, James, Theresa R. Flessner, and Ronald Weedon. 1989. "Blowouts in the Nebraska Sandhills: The Habitat of *Penstemon haydenii*." In *Prairie Pioneers: Ecology, History and Culture: Proceedings of the Eleventh North American Prairie Conference Held 7–11 August 1988, Lincoln, Nebraska*, 223–26.

Summers, Robert W., David E. Elliott, Khurram Qadir, Joseph F. Urban, Robin Thompson, and Joel V. Weinstock. 2003. "*Trichuris suis* Seems to Be Safe and Possibly Effective in the Treatment of Inflammatory Bowel Disease." *American Journal of Gastroenterology* 98 (9): 2034–41. https://doi.org/10.1016/S0002-9270(03)00623-3.

Swinehart, James B., and Robert F. Diffendal. 1989. "Geology of the Pre-Dune Strata." In *An Atlas of the Sand Hills*. Conservation and Survey Division, Institute of Agriculture and Natural Resources, University of Nebraska-Lincoln. https://digitalcommons.unl.edu/natrespapers/581.

Tain, Luke, Marie-Jeanne Perrot-Minnot, and Frank Cézilly. 2006. "Altered Host Behaviour and Brain Serotonergic Activity Caused by Acanthocephalans: Evidence for Specificity." *Proceedings of the Royal Society B: Biological Sciences* 273 (1605): 3039–45. https://doi.org/10.1098/rspb.2006.3618.

Tamarozzi, Francesca, Alice Halliday, Katrin Gentil, Achim Hoerauf, Eric Pearlman, and Mark J. Taylor. 2011. "Onchocerciasis: The Role of *Wolbachia* Bacterial Endosymbionts in Parasite Biology, Disease Pathogenesis, and Treatment." *Clinical Microbiology Reviews* 24 (3): 459–68. https://doi.org/10.1128/CMR.00057-10.

Tanaka, H., and Moriyasu Tsuji. 1997. "From Discovery to Eradication of Schistosomiasis in Japan: 1847–1996." *International Journal for Parasitology* 27 (12): 1465–80. https://doi.org/10.1016/S0020-7519(97)00183-5.

Taylor, Mark J., Helen F. Cross, and Katja Bilo. 2000. "Inflammatory Responses Induced by the Filarial Nematode *Brugia malayi* Are Mediated by Lipopolysaccharide-like Activity from Endosymbiotic Wolbachia Bacteria." *Journal of Experimental Medicine* 191 (8): 1429–36. https:// doi.org/10.1084/jem.191.8.1429.

Telford Jr., Sam R. 2016. *Hemoparasites of the Reptilia: Color Atlas and Text*. CRC

Press.

Telford Jr., Sam R., and Charles R. Bursey. 2003. "Comparative Parasitology of Squamate Reptiles Endemic to Scrub and Sandhills Communities of North-Central Florida, U.S.A." *Comparative Parasitology* 70 (2): 172–81. https://doi. org/10.1654/4060.

Tenora, František, and Éva Murai. 1975. "Cestodes Recovered from Rodents (Rodentia) in Mongolia." *Annales Historico-Naturales Musei Nationalis Hungarici* 67: 65–70.

Thomas, Frédéric, Shelley Adamo, and Janice Moore. 2005. "Parasitic Manipulation: Where Are We and Where Should We Go?" *Behavioural Processes* 68 (3): 185–99.

Thomas, Peter O. 1988. "Kelp Gulls, *Larus dominicanus*, Are Parasites on Flesh of the Right Whale, *Eubalaena australis*." *Ethology* 79 (2): 89–103. https://doi. org/10.1111/j.1439-0310.1988.tb00703.x.

Thompson, John N. 2005. *The Geographic Mosaic of Coevolution*. Chicago: University of Chicago Press.

Tinnin, David S., Jonathan L. Dunnum, Jorge Salazar-Bravo, Nyamsuren Batsaikhan, M. Scott Burt, Scott L. Gardner, and Terry L. Yates. 2002. "Contributions to the Mammalogy of Mongolia, with a Checklist of the Species of the Country." *Special Publications, Museum of Southwestern Biology* 6 (October): 1–38.

Tinnin, David S., Sumiya Ganzorig, and Scott L. Gardner. 2011a. "Helminths of Squirrels (Sciuridae) from Mongolia." *Occasional Papers Museum of Texas Tech University* 303 (October): 1–9.

———. 2011b. "Helminths of Small Mammals (Erinaceomorpha, Soricomorpha, Chiroptera, Rodentia, and Lagomorpha) of Mongolia." *Special Publications of the Museum of Texas Tech University* 59 (October): 1–50.

Tinnin, David S., Scott L. Gardner, and Sumiya Ganzorig. 2008. "Helminths of Small Mammals (Chiroptera, Insectivora, Lagomorpha) from Mongolia with a Description of a New Species of *Schizorchis* (Cestoda: Anoplocephalidae)." *Comparative Parasitology* 75 (1): 107–14. https:// doi.org/10.1654/4288.1.

Tinnin, David S., Ethan T. Jensen, Nyamsuren Batsaikhan, and Scott L. Gardner. 2012. "Coccidia (Apicomplexa: Eimeriidae) from *Vespertilio murinus* and *Eptesicus gobiensis* (Chiroptera: Vespertilionidae) in Mongolia and How Many Species of Coccidia Occur in Bats?" *Erforschung Biologischer Ressourcen Der Mongolei* 12 (January): 117–24.

Tkach, Vasyl V., Jay A. Schroeder, Stephen E. Greiman, and Jefferson A. Vaughan. 2012. "New Genetic Lineages, Host Associations and Circulation Pathways of *Neorickettsia* Endosymbionts of Digeneans." *Acta Parasitologica* 57 (3): 285–92. https://doi.org/10.2478/s11686-012 -0043-4.

Toledo, Rafael, Valentin Radev, Ivan Kanev, Scott L. Gardner, and Bernard Fried.

2014. "History of Echinostomes (Trematoda)." *Acta Parasitologica* 59 (4): 555–67. https://doi.org/10.2478/s11686-014-0302-7.

Triantis, Kostas A., and Thomas J. Matthews. 2020. "Biodiversity Theory Backed by Island Bird Data." *Nature* 579 (7797): 36–37. https://doi.org/10.1038/d41586-020-00426-5.

Tsai, Isheng J., Magdalena Zarowiecki, Nancy Holroyd, Alejandro Garciarrubio, Alejandro Sanchez-Flores, Karen L. Brooks, Alan Tracey, et al. 2013. "The Genomes of Four Tapeworm Species Reveal Adaptations to Parasitism." *Nature* 496 (7443): 57–63. https://doi.org/10.1038/nature12031.

Tufts, Danielle, Nyamsuren Batsaikhan, Michael Pitner, Gábor R. Rácz, Altangerel Dursahinhan, and Scott L. Gardner. 2016. "Identification of *Taenia* Metacestodes from Mongolian Mammals Using Multivariate Morphometrics of the Rostellar Hooks." *Erforschung Biologischer Ressourcen Der Mongolei* 13 (January): 361–75.

Tyson, Edward. 1683a. "*Lumbricus latus*, or a Discourse Read before the Royal Society of the Joynted Worm, Wherein a Great Many Mistakes of Former Writers Concerning It, Are Remarked; Its Natural History from More Exact Observations Is Attempted; and the Whole Urged, as a Difficulty against the Doctrine of Univocal Generation." *Philosophical Transactions of the Royal Society of London* 13 (146): 113–44.

———. 1683b. "*Lumbricus teres*, or Some Anatomical Observations on the Round Worm Bred in Human Bodies." *Philosophical Transactions of the Royal Society of London* 13 (147): 154–61.

———. 1686. "*Lumbricus hydropicus*; Or an Essay to Prove That Hydatides Often Met with in Morbid Animal Bodies, Are a Species of Worms, or Imperfect Animals. By That Learned and Curious Anatomist Edward Tyson, MD and R. Soc. S." *Philosophical Transactions (1683–1775)* 16: 506–10.

University of Utah. 2019. "Early Humans Evolved in Ecosystems unlike Any Found Today." October 7, 2019. https://phys.org/news/2019-10-early-humans-evolved-ecosystems-today.html.

van den Hoogen, Johan, Stefan Geisen, Devin Routh, Howard Ferris, Walter Traunspurger, David A. Wardle, Ron G. M. de Goede, et al. 2019. "Soil Nematode Abundance and Functional Group Composition at a Global Scale." *Nature* 572 (7768): 194–98. https://doi.org/10.1038/s41586-019-1418-6.

Vapalahti, Olli, Jukka Mustonen, Åke Lundkvist, Heikki Henttonen, Alexander Plyusnin, and Antti Vaheri. 2003. "Hantavirus Infections in Europe." *The Lancet Infectious Diseases* 3 (10): 653–61. https://doi.org/10.1016/S1473-3099(03)00774-6.

Walker, Ernest P, and John L Paradiso. 1975. *Mammals of the World*. 3rd ed. Baltimore: Johns Hopkins University Press.

Wang, Shuai, Sen Wang, Yingfeng Luo, Lihua Xiao, Xuenong Luo, Shenghan Gao,

Yongxi Dou, et al. 2016. "Comparative Genomics Reveals Adaptive Evolution of Asian Tapeworm in Switching to a New Intermediate Host." *Nature Communications* 7 (1): 12845. https://doi.org/10.1038/ncomms12845.

Weeks, Andrew R., Michael Turelli, William R. Harcombe, K. Tracy Reynolds, and Ary A. Hoffmann. 2007. "From Parasite to Mutualist: Rapid Evolution of *Wolbachia* in Natural Populations of *Drosophila*." *PLOS Biology* 5 (5): e114. https://doi.org/10.1371/journal.pbio.0050114. Welker, Frido, Matthew J. Collins, Jessica A. Thomas, Marc Wadsley, Selina Brace, Enrico Cappellini, Samuel T. Turvey, et al. 2015. "Ancient Proteins Resolve the Evolutionary History of Darwin's South American Ungulates." *Nature* 522 (7554): 81–84. https://doi.org/10.1038/nature14249.

Werren, John H., Laura Baldo, and Michael E. Clark. 2008. "*Wolbachia*: Master Manipulators of Invertebrate Biology." *Nature Reviews Microbiology* 6 (10): 741–51. https://doi.org/10.1038/nrmicro1969.

Whitcomb, Robert F. 1989. "Nebraska Sand Hills: The Last Prairie." In *Proceedings of the Eleventh North American Prairie Conference—Prairie Pioneers: Ecology, History, and Culture*, edited by Thomas Bragg B. and James Stubbendieck, 57–69. Lincoln: University of Nebraska Printing.

Whitfield, John. 2001. "Humans and Tapeworm: A Long Story." *Nature*, April. https://doi.org/10.1038/news010404-12.

Whitfield, P. J., and N. A. Evans. 1983. "Parthenogenesis and Asexual Multiplication among Parasitic Platyhelminths." *Parasitology* 86 (4): 121–60. https://doi.org/10.1017/S0031182000050873. WHO. 2019. *World Malaria Report 2018*. Geneva: World Health Organization. https://www.who.int/malaria/publications/world-malaria-report-2018/report/en/.

Wilkins, Kenneth T., and Heather R. Roberts. 2007. "Comparative Analysis of Burrow Systems of Seven Species of Pocket Gophers (Rodentia: Geomyidae)." *Southwestern Naturalist* 52 (1): 83–88.

Wilson, Don E., and DeeAnn M. Reeder, eds. 2005. *Mammal Species of the World: A Taxonomic and Geographic Reference*. 3rd ed. Baltimore: Johns Hopkins University Press.

Wilson, Edward O. 1985. "The Biological Diversity Crisis." *BioScience* 35 (11): 700–706.

———. 1999. *The Diversity of Life*. W. W. Norton & Company.

———. 2002. *The Future of Life*. Knopf Doubleday Publishing Group.

Wilson, Edward O., and G. Evelyn Hutchinson. 1989. "Robert Helmer MacArthur 1930–1972." In *Biographical Memoirs. Volume 58*, by National Academy of Sciences (U.S.). Washington, D.C.: National Academy Press.

Wilson, Joseph F., and Robert L. Rausch. 1980. "Alveolar Hydatid Disease: A Review of Clinical Features of 33 Indigenous Cases of *Echinococcus multilocularis* Infection in Alaskan Eskimos." *American Journal of*

Tropical Medicine and Hygiene 29 (6): 1340–55. https://doi.org/10.4269/ajtmh.1980.29.1340.

"Wyoming Species Account: Wyoming Pocket Gopher—*Thomomys clusius*." 2020. Wyoming Fish and Game Department.

Yahalomi, Dayana, Stephen D. Atkinson, Moran Neuhof, E. Sally Chang, Hervé Philippe, Paulyn Cartwright, Jerri L. Bartholomew, and Dorothée Huchon. 2020. "A Cnidarian Parasite of Salmon (Myxozoa: *Henneguya*) Lacks a Mitochondrial Genome." *Proceedings of the National Academy of Sciences* 117 (10): 5358–63. https://doi.org/10.1073/pnas.1909907117.

Yamaguti, Satyu. 1953. *Systema Helminthum: The Digenetic Trematodes of Vertebrates.* Interscience Publishers.

Yaméogo, Laurent, Vincent H. Resh, and David H. Molyneux. 2004. "Control of River Blindness in West Africa: Case History of Biodiversity in a Disease Control Program." *EcoHealth* 1 (2): 172–83. https://doi.org/10.1007/s10393-004-0016-7.

Yanagida, Tetsuya, Jean-François Carod, Yasuhito Sako, Minoru Nakao, Eric P. Hoberg, and Akira Ito. 2014. "Genetics of the Pig Tapeworm in Madagascar Reveal a History of Human Dispersal and Colonization." *PLOS ONE* 9 (10): e109002. https://doi.org/10.1371/journal.pone.0109002.

Yeh, Hui-Yuan, Xiaoya Zhan, and Wuyun Qi. "A Comparison of Ancient Parasites as Seen from Archeological Contexts and Early Medical Texts in China." *International Journal of Paleopathology* 25: 30–38. https://doi.org/10.1016/j.ijpp.2019.03.004.

Yensen, Eric, Teresa Tarifa, and Sydney Anderson. 1994. "New Distributional Records of Some Bolivian Mammals." *Mammalia* 58 (3): 405–14.

Yong, Ed. 2015. "How to Cure the Diseases that Nobel-Winning Drugs Cannot." *The Atlantic*, October 7, 2015. https://www.theatlantic.com/science/archive/2015/10/ivermectin-nobel-drugs-elephantiasis-filariasis-nematodes-wolbachia/409306/.

Zarlenga, Dante S., Eric P. Hoberg, and Jillian T. Detwiler. 2014. "Diversity and History as Drivers of Helminth Systematics and Biology." In *Helminth Infections and Their Impact on Global Public Health*, edited by Fabrizio Bruschi, 1–28. Vienna: Springer. https://doi.org/10.1007/978-3-7091-1782-8_1.

Zarlenga, Dante S., Eric P. Hoberg, Benjamin Rosenthal, Simonetta Mattiucci, and Giuseppe Nascetti. 2014. "Anthropogenics: Human Influence on Global and Genetic Homogenization of Parasite Populations." *Journal of Parasitology* 100 (6): 756–72. https://doi.org/10.1645/14-622.1.

Zarlenga, Dante S., Benjamin M. Rosenthal, Giuseppe La Rosa, Edoardo Pozio, and Eric P. Hoberg. 2006. "Post-Miocene Expansion, Colonization, and Host Switching Drove Speciation among Extant Nematodes of the Archaic Genus

Trichinella." *Proceedings of the National Academy of Sciences* 103 (19): 7354–59. https://doi.org/10.1073/pnas.0602466103.

Zarowiecki, Magdalena, and Matt Berriman. 2015. "What Helminth Genomes Have Taught Us about Parasite Evolution." *Parasitology* 142 (S1): S85–97. https://doi.org/10.1017/S0031182014001449.

Zohar, Sandra, and John C. Holmes. 1998. "Pairing Success of Male *Gammarus lacustris* Infected by Two Acanthocephalans: A Comparative Study." *Behavioral Ecology* 9 (2): 206–11. https:// doi.org/10.1093/beheco/9.2.206.

Zoni, Ana Clara, Laura Catalá, and Steven K. Ault. 2016. "Schistosomiasis Prevalence and Intensity of Infection in Latin America and the Caribbean Countries, 1942–2014: A Systematic Review in the Context of a Regional Elimination Goal." *PLOS Neglected Tropical Diseases* 10 (3): e0004493. https://doi.org/10.1371/journal.pntd.0004493.

역자의 말

나는 번역자이기에 앞서 한국에 사는 독자로서, 이 책을 처음 접했을 때 한 가지 궁금증을 품게 되었다. 한국은 20세기에 기생충 관리 사업을 진행하여 큰 성공을 거둔 국가다. 2001년 세계보건 기구(WHO)에서 "한국은 토양 매개성 기생충(회충, 편충, 구충 등)을 박멸했다"라고 선포되었을 정도다.[1] 그래서인지 인터넷 검색창에 한글로 '기생충'을 입력하면 대개 영화 「기생충」이나 반려동물 기생충을 언급하는 웹페이지가 뜬다. 이런 환경에서 살아가는 한국 독자에게 이 책은 어떤 통찰을 제시할 수 있을까?

---

1 이명노 외, 「2021년 유행지역 주민 장내기생충 감염조사」, 『건강과 질병』, 15(25), 2022, 1773쪽.

기생충은 다채로운 생물 군집을 안정화하고(5장) 생태학적 연결망을 미세 조정하며(12장), 숙주와 공존하다가 생태 변화에 직면하면 다른 숙주로 갈아타는 등 새로운 기회를 개척한다(6장). 따라서 기생충의 진화사를 알면, 지구 환경이 역동적으로 변화하는 오늘날을 기점으로 생태계가 어떻게 진화할지 예측하는 데 필요한 단서를 얻을 수 있다(13장).

흔히 사람들은 '기생충' 하면 인류에게 해가 되기에 쓸모없는 생물, 더 나아가 반드시 박멸해야만 하는 생물이라고 생각한다. 하지만 저자는 상리공생과 편리공생, 기생이라는 범주만으로 자연 현상을 제대로 설명할 수 없다고 밝힌다(3장). 현재 기생충을 비롯한 수많은 생물종은 환경 오염과 기후 변화의 영향으로 식별되기도 전에 멸종할 위기에 처했다. 막대한 생물량과 종 다양성을 자랑하는 기생충을 배제하면, 인류는 생태계를 온전히 이해할 수 없다. 기생충이란 '박멸해야 하는 생물'이 아닌 '보전해야 할 자연의 일부'라고 생각을 전환할 필요가 있다는 이야기다.

부디 이 책을 통해 인간의 잣대로 생물을 재단하는 시각에서 벗어나, 흥미진진한 삶을 사는 생물인 동시에 오랜 시간 인간과 함께한 동반자로서 기생충을 있는 그대로 이해하고 그들만의 매력을 발견하는 즐거움을 누리기를 바란다.

— 김주희

찾아보기

옮긴이 김주희

서강대학교 화학과와 동 대학원 석사과정을 졸업하고 SK이노베이션에서 근무했다. 글밥아카데미 수료 뒤 바른번역 소속 번역가로 활동하고 있으며, 옮긴 책으로『블루 머신』, 『조금 수상한 비타민C의 역사』,『자연은 언제나 인간을 앞선다』,『천문학 이야기』등이 있다.

어쩌면 세상을 구할 기생충

초판 1쇄 발행 2024년 10월 20일

지은이 스콧 L. 가드너, 주디 다이아몬드, 가버 라츠
그린이 브렌다 리
옮긴이 김주희

펴낸곳 코쿤북스
등록 제2019-000006호
주소 서울특별시 서대문구 증가로25길 22 401호
표지 디자인 thiscover
본문 디자인 필요한 디자인

ISBN 979-11-978317-7-5   03470